专用于国家职业技能鉴定

国家职业资格培训教程

加速器装配试验工

（基础知识）

中国核工业集团有限公司人力资源部 组织编写
中国原子能科学研究院

中国原子能出版社

图书在版编目（CIP）数据

加速器装配试验工. 基础知识 / 中国核工业集团有限公司人力资源部，中国原子能科学研究院组织编写. —北京：中国原子能出版社，2021.3

（国家职业资格培训教程 / 中国核工业集团有限公司人力资源部，中国原子能科学研究院）

ISBN 978-7-5221-1281-7

Ⅰ. ①加… Ⅱ. ①中…②中… Ⅲ. ①加速器–装配（机械）–技术培训–教材 Ⅳ. ①TL505

中国版本图书馆 CIP 数据核字（2021）第 045126 号

加速器装配试验工（基础知识）

出版发行	中国原子能出版社（北京市海淀区阜成路 43 号 100048）
责任编辑	刘 岩
责任校对	冯莲凤
责任印制	赵 明
印　　刷	保定市中画美凯印刷有限公司
经　　销	全国新华书店
开　　本	787 mm×1092 mm 1/16
印　　张	4.5
字　　数	113 千字
版　　次	2021 年 3 月第 1 版 2021 年 3 月第 1 次印刷
书　　号	ISBN 978-7-5221-1281-7 **定 价 32.00 元**

网址：http://www.aep.com.cn　　**E-mail：atomep123@126.com**

发行电话：010-68452845

国家职业资格培训教程

加速器装配试验工
（基础知识）

编审委员会

主　任　余剑锋

副主任　祖　斌

委　员　王安民　赵积柱　万　钢　薛小刚
　　　　霍颖颖　陈璐璐　周　伟　朱志文
　　　　张　璞　马　丹　王亚婷　张士军
　　　　刘玉山　何　石　艾于琛

主　编　张灿哲　阚朝新

编　者　苏胜勇　王晓飞　李康宁　游曲波
　　　　杨　涛　等

主　审　胡跃明

审　者　包轶文　王　华

前　言

为推动核行业特有职业技能培训和职业技能鉴定工作的开展，在核行业特有职业从业人员中推行国家职业资格证书制度，在人力资源和社会保障部的指导下，中国核工业集团有限公司人力资源部组织有关专家编写了《国家职业资格培训教程——加速器装配试验工》（以下简称《教程》）。

《教程》以国家职业标准为依据，内容上力求体现"以职业活动为导向，以职业技能为核心"的指导思想，紧密结合实际工作需要，注重突出职业培训特色；结构上针对本职业的职业活动的领域，按照模块化的方式，分为加速器运行工、加速器真空工、加速器机械工、加速器电气工进行编写的。《教程》中的章对应于职业标准的"职业功能"，节对应"工作内容"，每节涵盖了职业标准中的"技能要求"和"相关知识"的基本内容。此外，针对职业标准中的"基本要求"，还专门编写了《加速器装配试验工（基础知识）》一书，内容涉及：职业道德、专业基础知识、安全文明生产与环境保护、质量管理等基础知识。

《教程》适用于加速器装配试验工的初级、中级、高级、技师、高级技师培训，是加速器装配试验工职业技能鉴定的指定辅导用书。

《教程》由张灿哲、阚朝新、苏胜勇、王晓飞、李康宁、游曲波、杨涛等同志编写，胡跃明、包铁文、王华等同志审核。中国原子能科学研究院承担了本《教程》的编写工作。

由于编者水平有限，时间仓促，加之科学技术的发展，教材中不足与错误之处在所难免，欢迎提出宝贵意见和建议。

中国核工业集团有限公司人力资源部
中国原子能科学研究院

目　录

第一章 职业道德

学习目标：通过学习职业道德基本知识，使参加培训的加速器装配试验工掌握职业道德规范、职业守则和相关法规的基本内容，培养良好的道德观念。

第一节 职业道德基本知识

一、道德建设

2001 年 9 月 20 日，中共中央颁布了《公民道德建设实施纲要》(以下简称《纲要》)。

《纲要》从我国历史和现实的国情出发，阐明了社会主义道德建设要坚持以为人民服务为核心，以集体主义为原则，以爱祖国、爱人民、爱劳动、爱科学、爱社会主义为基本要求，以社会公德、职业道德、家庭美德为着力点。

《纲要》明确指出："在我们社会的各行各业，都要大力加强职业道德建设。首先是党和国家的机关干部，要公正廉洁，忠诚积极，全心全意为人民服务。"只有通过职业道德建设，才能培养全社会每个从业人员正确的劳动态度和敬业精神，增强每个从业人员的事业心和责任感，使广大从业人员以主人翁态度热爱本职工作，树立崇高的职业理想，干一行、爱一行、专一行，对本职工作精益求精，自觉养成全心全意为人民服务的良好职业道德，推动我国社会主义市场经济建设的顺利进行。

二、什么是职业道德

职业道德是从事一定职业劳动的人们，在特定的工作和劳动中以其内心信念和特殊社会手段来维系的，以善恶进行评价的心理意识、行为原则和行为规范的总和，它是人们在从事职业的过程中形成的一种内在的、非强制性的约束机制。

职业道德是职业精神的主要内容，职业精神的培养甚至比职业技能的培训更加重要。职业精神对职业行为、工作效率、工作或产品的品质起决定的作用；良好的职业精神是职工从优秀到卓越的保证，更是一个单位永葆青春的动力。

三、如何加强职业道德建设

(1) 抓职业道德建设，关键是抓各级领导干部的职业道德建设。

(2) 职业道德建设是一项总体工程，要在全社会各行各业抓职业道德建设，在总体上形成一个良性循环。

(3) 职业道德建设应和个人利益挂钩。

(4) 要站在社会主义精神文明建设的高度抓职业道德建设。

(5) 把职业道德建设同建立和完善职业道德监督机制结合起来。

四、职业道德与个人自身发展的关系

(1) 人总是要在一定的职业中工作生活:1) 职业是人谋生的手段。2) 从事一定的职业是人的需求。3) 职业活动是人的全面发展的最重要条件。

(2) 职业道德是事业成功的保证:1) 没有职业道德的人干不好任何工作。2) 职业道德是人事业成功的重要条件。

(3) 职业道德是人格的一面镜子:1) 人的职业道德品质反映着人的整体道德素质。2) 人的职业道德的提高有利于人的思想道德素质的全面提高。3) 提高职业道德水平是人格升华最重要的途径。

一个责任心强、爱岗敬业、遵纪守法、尊重他人、坦诚沟通、服从大局、忠于职守的职工一定会受到企业和同事的欢迎。

五、职业道德与企业发展的关系

(1) 职业道德是企业文化的重要组成部分。

(2) 职业道德是增强企业凝聚力的手段。企业是具有社会性的经济组织,在企业内部存在着各种复杂的关系。这些关系既有相互协调的一面,也有矛盾冲突的一面,如果解决不好,将会影响企业的凝聚力。这就要求企业所有的员工都应从大局出发,光明磊落、相互谅解、相互宽容、相互信赖、同舟共济,而不能意气用事、互相拆台。总之,要求职工必须具有较高的职业道德觉悟。

(3) 职业道德可以提高企业的竞争力:1) 职业道德有利于企业提高产品和服务的质量。2) 职业道德可以降低产品成本,提高劳动生产率和经济效益。3) 职业道德可以促进技术进步。4) 职业道德有利于企业摆脱困境,实现企业阶段性的发展目标。5) 职业道德有利于树立良好企业形象,创造著名企业品牌。

六、职业道德的基本规范

一般认为职业道德基本规范包括以下八个方面,即:(1) 文明礼貌。(2) 爱岗敬业。(3) 诚实守信。(4) 办事公道。(5) 勤劳节俭。(6) 遵纪守法。(7) 团结互助。(8) 开拓创新。其基本含义和具体要求可归纳为表 1-1。

表 1-1 职业道德规范的基本含义和具体要求

基本规范	基本含义和具体要求
文明礼貌	行为和精神面貌要符合先进文化的要求,是从业人员的基本素质。具体要求:仪表端庄;语言规范;举止得体;待人热情
爱岗敬业	最基本的职业道德规范,是对工作态度的普遍要求。爱岗就是要热爱自己的工作岗位,敬业就是要用一种恭敬严肃的态度对待自己的工作。具体要求:树立职业理想;强化职业责任;提高职业技能
诚实守信	是指真实无欺、遵守承诺和契约的品德及行为。具体要求:忠诚所属企业;维护企业信誉;保守企业机密;遵章守制,秉公办事
办事公道	正确处理各种关系的准则。办事公道是指在办理事情、处理问题时,要站在公正的立场,坚持正确的原则。具体要求:坚持真理;公私分明;公平公正;光明磊落

续表

基本规范	基本含义和具体要求
勤劳节俭	人生美德，勤劳就是辛勤劳动，努力生产物质财富和精神财富。节俭就是节制、节省，爱惜公共财物和社会财物以及个人的生活用品
遵纪守法	从业人员要遵守纪律和法律，尤其要遵守职业纪律和与职业活动相关的法律法规。具体要求：学法、知法、守法、用法；遵守企业纪律和规范（遵守劳动纪律；遵守财经纪律；遵守保密纪律；遵守组织纪律，坚持民主集中制原则；遵守群众纪律）
团结互助	要求从业人员顾全大局，友爱亲善，真诚相待，平等尊重，搞好同事之间、部门之间的团结协作，以实现共同发展。具体要求：平等尊重；顾全大局；相互学习；加强协作
开拓创新	树立科学发展观，运用已知信息，不断突破常规，发现或产生新颖、独特、有价值的新事物、新思想。具体要求：要有创造意识和科学思维；要有坚定的信心和意志

第二节　职业守则

加速器装配试验工职业守则

一、遵守国家法律和本单位的规章制度。
二、严格遵守保密制度，保守国家机密。
三、爱岗敬业，忠于职守，工作认真负责。
四、刻苦钻研业务，重视技能训练，努力提高自身素质。
五、发扬团结协作精神，尊师爱徒，互教互学，积极主动配合工作。
六、严格执行操作规程，重视安全生产，保证工作质量。
七、坚持文明生产，营造清洁、文明、适宜的工作环境。

第三节　相关法律、法规知识*

一、《中华人民共和国劳动法》相关知识
二、《中华人民共和国安全生产法》相关知识
三、《中华人民共和国环境保护法》相关知识
四、《中华人民共和国放射性污染防治法》相关知识
五、《粒子加速器辐射防护规定》(GB 5172—1985)相关知识
六、行业、企业安全生产规定

* 本节内容可参阅国家相关法规，本书第二章第三节对质量管理知识有比较详细的阐述。

第二章　基础知识

第一节　专业基础知识

学习目标：简介机械制图知识、电气识图知识、物理基础知识、化学基础知识、辐射防护基础知识、加速器基础知识和常用检测仪表的使用等专业基础知识，目的是使加速器装配试验工掌握本专业最基本的知识。

一、机械制图知识

图样是产品设计、制造、安装、检测等过程中的重要技术资料，是信息交流的重要工具。为了便于生产、管理和交流，《技术制图国家标准》和《机械制图国家标准》对图样的画法、尺寸的标注等各方面分别制定和颁布了相关统一的制图国家标准(有多个国标GB/T 文件)。

图 2-1 所示是一幅具体的机械设计图样。

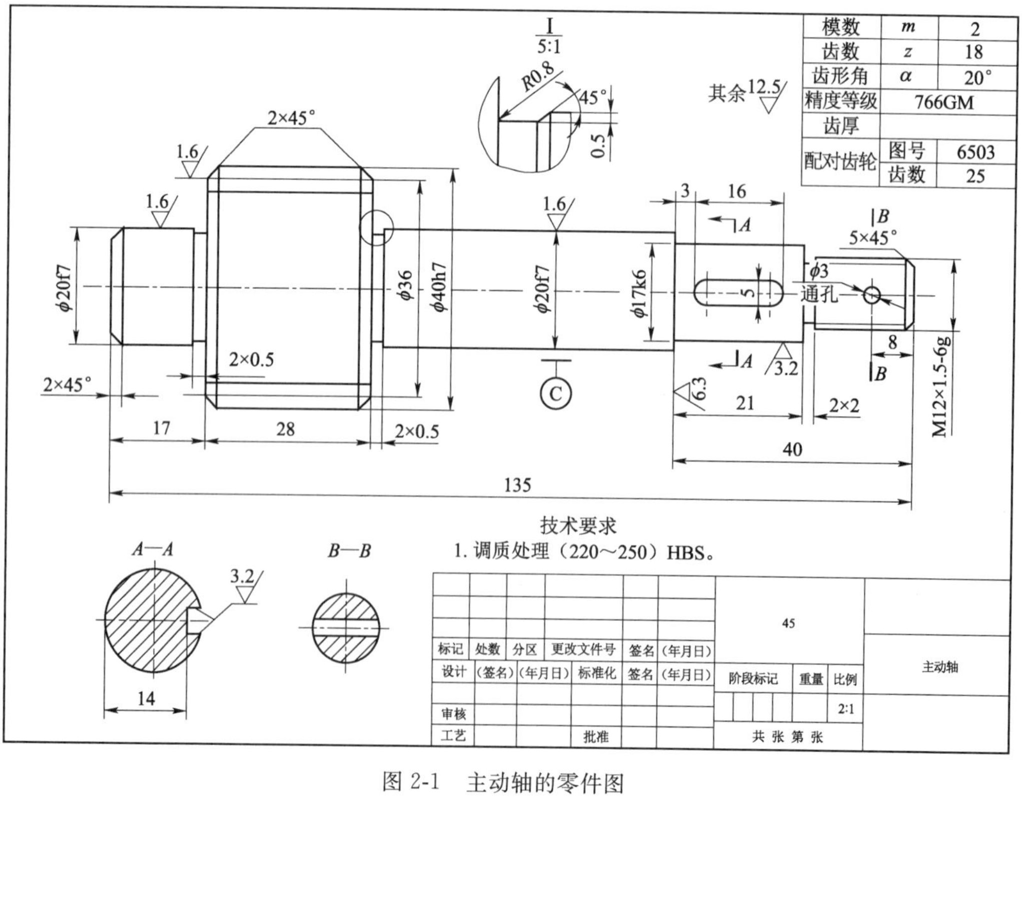

图 2-1　主动轴的零件图

1. 图纸幅面和标题栏

图纸的幅面是指图纸的大小规格。图框是图纸上绘图区的边界线。图框的格式有留装订边的图框格式和不留装订边的图框格式两种,也可以分为横式和纵式两种。

无论图样是否需要装订,均应在图幅内画出图框,图框用粗实线绘制。

在绘制机械制图样时,每张图样的右下角均应有标题栏,标题栏中的文字方向应为看图的方向。

对于标题栏的格式,国家标准未作统一规定。标题栏的外框是粗实线,其右边和底边与图形线重合,填写的字体,除名称用 10 号字体外,其余都用 5 号字,内部的分格线是细实线。

标题栏由名称、代号区、签字区、更改区和其他区域组成。

2. 比例

比例是指图样中图形与实物相应要素的线形尺寸之比。绘图所用的比例是根据图样的用途和被绘制对象的复杂程度来确定的。

绘制图样时,应尽可能按机件的实际大小画出,以便直接从图样上看出机件的真实大小。由于机件的大小及其结构复杂程度不同,所以对大而简单的机件可以采用缩小的比例;对小而复杂的机件可以采用放大的比例。见表 2-1。

表 2-1 机械制图的比例

种类	比例	
	第一系列	第二系列
原值比例	1:1	
缩小比例	1:2 1:5 1:10 $1:10^n$ $1:2\times10^n$ $1:5\times10^n$	1:1.5 1:2.5 1:3 1:4 $1:1.5\times10^n$ $1:2.5\times10^n$ $1:3\times10^n$ $1:4\times10^n$ $1:6\times10^n$
放大比例	2:1 5:1 $10^n:1$ $2\times10^n:1$ $5\times10^n:1$	2.5:1 4:1 $2.5\times10^n:1$ $4\times10^n:1$

3. 字体

图样上除了表达物体形状的图形外,还要用数字和文字说明物体的大小、技术要求和其他内容。

字体的高度 h,其公称尺寸系列为 1.8、2.5、3.5、5、7、10、14、20 mm。字体的号数代表字体的高度。

(1) 汉字:应写成仿宋体,h 不应小于 3.5 mm,其字宽一般为 $2/3h$。

(2) 字母和数字:分为 AB 型两种。字宽不一样。

4. 图线

(1) 图线形式及应用

各种图线形式及应用见表 2-2。

(2) 图线的画法

一般有如下要求:圆心线应与线段相交、中心线应超过轮廓线、点划线的两端应是线段、线段应相交、空隙的去留等。

表 2-2 机械制图的图线规定

代号	线　　型	名　称	应　　用
01.2		粗实线	1. 可见轮廓线 2. 表示剖切面起讫的剖切符号
01.1		细实线	1. 尺寸线及尺寸界线 2. 剖面线 3. 指引线 4. 重合断面轮廓线
01.1		波浪线	1. 断裂处边界线 2. 视图和剖视图分界线
01.1		双折线	断裂处边界线
02.1		细虚线	不可见轮廓线
02.1		粗虚线	允许表面处理的表示线
04.1		细点画线	1. 轴线 2. 对称中心线 3. 剖切线
04.2		粗点画线	有特殊要求的线
05.1		双点画线	1. 相邻辅助零件轮廓线 2. 极限轮廓线 3. 假想投影轮廓线

5. 尺寸的标注

(1) 基本规定:

1) 机件的真实大小应以图样上所标注的尺寸数值为依据,与图形的大小及绘图的准确度无关;

2) 图样中的尺寸以 1mm 为单位时,不需标注计量单位的代号或名称,若采取其他单位,则必须标注;

3) 图样中所注的尺寸为该图样的最后完工尺寸;

4) 机件上的每一个尺寸只标注一次,并应标注在反映该结构最清晰的图上。

(2) 尺寸的组成:

标注完整的尺寸应具有尺寸界线、尺寸线、尺寸数字及表示尺寸终端的箭头或斜线。

(3) 各类尺寸的标注方法:

线性尺寸、圆及圆弧尺寸、角度、弧度尺寸、曲线尺寸、简化注法。

6. 图样的表达方法

(1) 将机件向投影面投影时所得到的图形,称为视图。视图有基本视图、局部视图、斜视图和旋转视图四种。

(2) 机件向基本投影面投影所得的图形,称为基本视图。包含三个常用基本视图:

1）主视图：由前向后投影所得的视图，反映物体的长度和高度；

2）俯视图：由上向下投影所得的视图，反映物体的长度和宽度；

3）左视图：由左向右投影所得的视图，反映物体的高度和宽度；

4）三个视图之间的投影规律为：

主视、俯视长对正（等长）；

主视、左视高平齐（等高）；

俯视、左视宽相等（等宽）。

基本视图关系如图 2-2 所示。

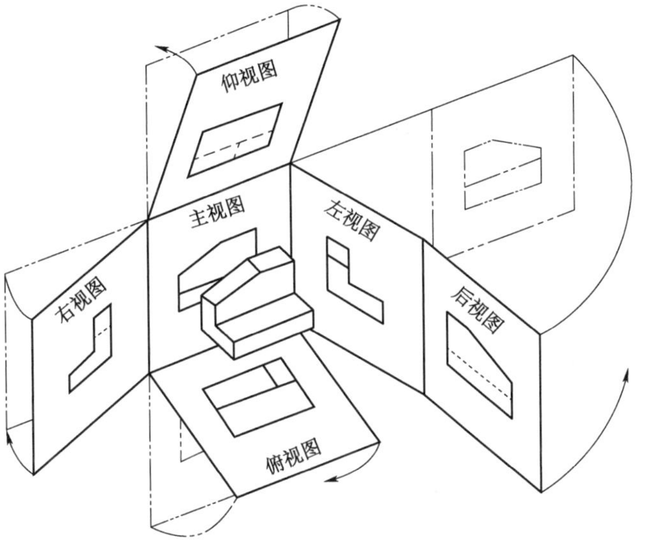

图 2-2　视图与投影的关系

（3）局部视图：将机件的某一部分向基本投影面投影所得的视图，称为局部视图。一般在局部视图上方标出视图的名称“X 向”，在相应的视图附近用箭头指明投影方向，并注上同样的字母。

（4）旋转视图：假想将机件的倾斜部分旋转到与某一选定的基本投影面平行后再向该投影面投影所得的视图。一般在旋转视图上方标出视图的名称“X向旋转”。

（5）斜视图：用来表达机件上倾斜部分的实形，所以其余部分就不必全部画出而用波浪线断开。

（6）剖视图：假想用剖切面剖开机件，将外在观察者和剖切面之间的部分移去，而将其余部分向投影面投影所得的图形。一般在剖视图上方标出“X-X”向。

按剖切范围的大小，剖视图可分为全剖视图、半剖视图和局部视图。

1）全剖视图：用剖切面完全地剖开机件所得的视图。适用于内形比较复杂、外形比较简单的零件。

2）半剖视图：当机件具有对称平面时，在垂直于对称平面的投影面上投影所得的图形，可以对称中心线为界，一半画成剖视，另一半画成视图的图形。常用它来表达内外形状都比较复杂的对称机件。

3）局部剖视图：用剖切面局部地剖开机件所得的剖视图。

(7) 剖面图:用剖切面将机件的某处切断,仅画出的图形。剖视图与剖面图的区别在于:剖面仅画出机件上剖切处断面的投影,而剖视图要求画出剖切后机件的投影。

(8) 局部放大图:将机件的部分结构,用大于原图形的比例画出的图形。

7. 尺寸及公差

(1) 组合体是由若干个基本几何体按一定的位置和方式组合而成,它的尺寸包括下列三种:

1) 定形尺寸:表示各基本几何体大小(长、宽、高)的尺寸。

2) 定位尺寸:表示各基本几何体之间相对位置(上下、左右、前后)的尺寸。

3) 总体尺寸:表示组合体总长、总宽、总高的尺寸。

(2) 标注尺寸的起点称为尺寸基准(简称基准),平面图形的尺寸有水平方向和垂直两个方向,因而就有水平和垂直两个方向的基准。

(3) 尺寸:用特定单位表示长度值的数字称为尺寸。由数字和特定单位两部分组成。

(4) 基本尺寸:设计时给定的尺寸。它是一个标准尺寸,是计算极限尺寸和偏差的起始尺寸。

(5) 实际尺寸:通过测量所获得的尺寸。

(6) 极限尺寸:允许零件尺寸变化的两个界限值,称为极限尺寸。

最大极限尺寸——允许尺寸变化的最大极限值;

最小极限尺寸——允许尺寸变化的最小极限值。

(7) 尺寸偏差:零件的某一尺寸(实际尺寸或极限尺寸)与其基本尺寸的代数差称为尺寸偏差(简称偏差)。

上偏差——最大极限尺寸减去基本尺寸所得代数差称为上偏差。

下偏差——最小极限尺寸减去基本尺寸所得代数差称为下偏差。

上偏差和下偏差统称为极限偏差。

(8) 尺寸公差:也简称为公差,它是指允许尺寸的变动量。公差的数值等于最大极限尺寸与最小极限尺寸的代数差的绝对值,也等于上偏差与下偏差代数差的绝对值。

(9) 尺寸公差带:简称公差带,是指代表上、下偏差的两条直线所限定的一个区域。

8. 配合与基准制

(1) 配合:基本尺寸相同的,相互结合的孔和轴公差之间的关系称为配合。根据孔、轴公差之间的关系,国家标准规定配合分为以下三种类型。

1) 间隙配合:具有间隙的(包括最小间隙为零)配合,称为间隙配合。其特点是孔的实际尺寸大于轴的实际尺寸,孔轴之间具有间隙。

2) 过盈配合:具有过盈的(包括最小过盈为零)配合,称为过盈配合。其特点是孔的实际尺寸小于相配合轴的实际尺寸,孔与轴配合具有过盈,无间隙。

3) 过渡配合:具有间隙或过盈的配合,称为过渡配合。其特点是配合可能具有间隙,也可能具有过盈,此时轴、孔的公差带相互交叠。

(2) 基准制:国家标准规定有基孔制和基轴制两种。

1) 基孔制:基本偏差为一定的孔的公差带与不同基本偏差轴的公差带形成的各种配合的制度,称为基孔制。基孔制的孔为配合的基准件,称为基准孔。基准孔的下偏差为零,基本偏差代号为“H”。

2) 基轴制:基本偏差为一定的轴的公差带与不同基本偏差孔的公差带形成的各种配合

的制度，称为基轴制。基轴制的轴为配合的基准件，称为基准轴。基准轴的上偏差为零，基本偏差代号为“h”。

9. 形状和位置公差

(1) 形状误差：是指被测实际要素对理想要素的变动量。

(2) 形状公差：是指单一实际要素的形状所允许的变动全量。有六项：直线度、平面度、圆度、圆柱度、线轮廓度、面轮廓度。

(3) 位置误差：是关联实际要素对其理想要素的变动量。

(4) 位置公差：是关联实际要素的位置对基准所允许的变动全量。有八项：平行度、垂直度、倾斜度、同轴度、对称度、位置度、圆跳动和全跳动。

10. 识读零件图的步骤

(1) 看标题栏：对看图纸版本与生产指令单的规定版本是否相同，了解零件的名称、材料、绘图比例。

(2) 看各视图：先看主视图，围绕主视图根据投影规律，分析其他各视图的结构，依照“先大后小，先外后内，先粗后细”的顺序，有条不紊地进行识读。

(3) 看尺寸标注：从基准出发，找出最能代表产品构形的特征视图，找出各组成部位的定形、定位尺寸，掌握有标识的重点尺寸(如尺寸前有“△”或“*”的标识)。

(4) 看技术要求：分析零件图上所标示的自由公差、配合、表面粗糙度、热处理及表面处理等技术要求。

二、电气识图知识

1. 电气图定义

用电气图形符号、带注释的围框或简化外形表示电气系统或设备中组成部分之间相互关系及其连接关系的一种图。广义地讲，表明两个或两个以上变量之间关系的曲线，用以说明系统、成套装置或设备中各组成部分的相互关系或连接关系，或者用以提供工作参数的表格、文字等，也属于电气图之列。

图 2-3 所示是一个电机控制图。

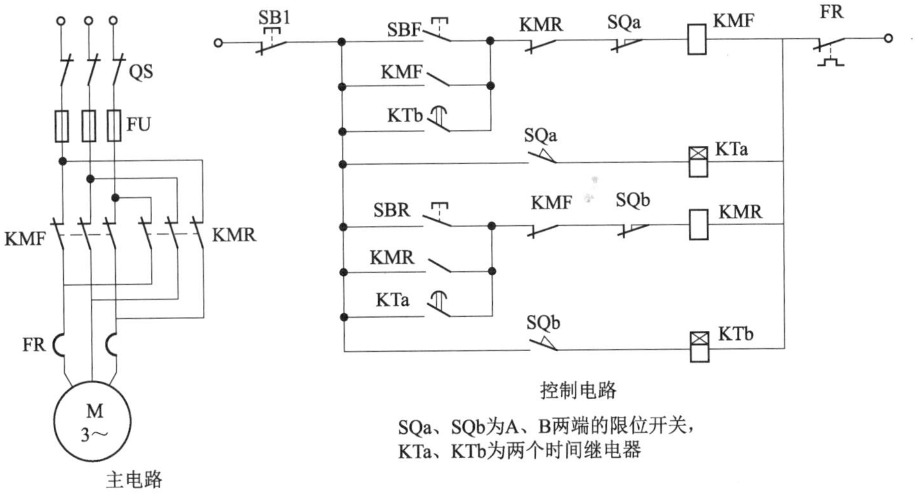

图 2-3　电机控制电路图

2. 电气图分类

(1) 系统图或框图:用符号或带注释的框,概略表示系统或分系统的基本组成、相互关系及其主要特征的一种简图。

(2) 电路图:用图形符号并按工作顺序排列,详细表示电路、设备或成套装置的全部组成和连接关系,而不考虑其实际位置的一种简图。目的是便于详细理解工作原理、分析和计算电路特性。

(3) 功能图:表示理论的或理想的电路而不涉及实现方法的一种图,其用途是为绘制电路图或其他有关图提供依据。

(4) 逻辑图:主要用二进制逻辑(与、或、异或等)单元图形符号绘制的一种简图,其中只表示功能而不涉及实现方法的逻辑图叫作纯逻辑图。

(5) 功能表图:表示控制系统的作用和状态的一种图。

(6) 等效电路图:表示理论的或理想的元件(如 R、L、C)及其连接关系的一种功能图。

(7) 程序图:详细表示程序单元和程序片及其互连关系的一种简图。

(8) 设备元件表:把成套装置、设备和装置中各组成部分和相应数据列成表格,其用途表示各组成部分的名称、型号、规格和数量等。

(9) 端子功能图:表示功能单元全部外接端子,并用功能图、表图或文字表示其内部功能的一种简图。

(10) 接线图或接线表:表示成套装置、设备或装置的连接关系,用以进行接线和检查的一种简图或表格。又分为:

1) 单元接线图或单元接线表:表示成套装置或设备中一个结构单元内的连接关系的一种接线图或接线表(结构单元指在各种情况下可独立运行的组件或某种组合体)。

2) 互连接线图或互连接线表:表示成套装置或设备的不同单元之间连接关系的一种接线图或接线表(线缆接线图或接线表)。

3) 端子接线图或端子接线表:表示成套装置或设备的端子,以及接在端子上的外部接线(必要时包括内部接线)的一种接线图或接线表。

4) 电缆配置图或电缆配置表:提供电缆两端位置,必要时还包括电缆功能、特性和路径等信息的一种接线图或接线表。

(11) 数据单:对特定项目给出详细信息的资料。

(12) 简图或位置图:表示成套装置、设备或装置中各个项目位置的一种简图或一组图叫作位置图。指用图形符号绘制的图,用来表示一个区域或一个建筑物内成套电气装置中的元件位置和连接布线。

3. 电气图的特点

(1) 电气图的作用:阐述电的工作原理,描述产品的构成和功能,提供装接和使用信息的重要工具和手段。

(2) 简图是电气图的主要表达方式,是用图形符号、带注释的围框或简化外形表示系统或设备中各组成部分之间相互关系及其连接关系的一种图。

(3) 元件和连接线是电气图的主要表达内容。

1) 一个电路通常由电源、开关设备、用电设备和连接线四个部分组成,如果将电源设备、开关设备和用电设备看成元件,则电路由元件与连接线组成,或者说各种元件按照一定的次序用连接线连起来就构成一个电路。

2）元件和连接线的表示方法：

① 元件用于电路图中时有集中表示法、分开表示法、半集中表示法。

② 元件用于布局图中时有位置布局法和功能布局法。

③ 连接线用于电路图中时有单线表示法和多线表示法。

④ 连接线用于接线图及其他图中时有连续线表示法和中断线表示法。

（4）图形符号、文字符号（或项目代号）是电气图的主要组成部分。一个电气系统或一种电气装置由各种元器件组成，在主要以简图形式表达的电气图中，无论是表示构成，表示功能，还是表示电气接线等，通常用简单的图形符号表示。

（5）对能量流、信息流、逻辑流、功能流的不同描述构成了电气图的多样性。一个电气系统中，各种电气设备和装置之间，从不同角度、不同侧面存在着不同的关系。

1）能量流——电能的流向和传递。

2）信息流——信号的流向和传递。

3）逻辑流——相互间的逻辑关系。

4）功能流——相互间的功能关系。

4. 电气图所用的图形符号

（1）图形符号的含义：用于图样或其他文件以表示一个设备或概念的图形、标记或字符。图形符号是通过书写、绘制、印刷或其他方法产生的可视图形，是一种以简明易懂的方式来传递一种信息，表示一个实物或概念，并可提供有关条件、相关性及动作信息的工业语言。

（2）图形符号由一般符号、符号要素、限定符号等组成。

1）一般符号：表示一类产品或此类产品的一种很简单的通常符号。

2）符号要素：它是具有确定意义的简单图形，必须同其他图形组合以构成一个设备或概念的完整符号。

3）限定符号：一种加在其他符号上的符号，用以提供附加信息。它一般不能单独使用，但一般符号有时也可用作限定符号。

限定符号的类型有以下 7 种。

① 电流和电压类：如交、直流电，交流电中频率的范围，直流电正、负极，中性线等。

② 可变性：可变性分为内在的和非内在的。内在的可变性指可变量决定于器件自身的性质，如压敏电阻的阻值随电压而变化；非内在的可变性指可变量由外部器件控制的，如滑线电阻器的阻值是借助外部手段来调节的。

③ 力和运动的方向：用实心箭头符号表示力和运动的方向。

④ 流动方向：用开口箭头符号表示能量、信号的流动方向。

⑤ 特性量的动作相关性：它是指设备、元件与速写值或正常值等相比较的动作特性，通常的限定符号是>、<、=、≈等。

⑥ 材料的类型：可用化学元素符号或图形作为限定符号。

⑦ 效应或相关性：指热效应、电磁效应、磁致伸缩效应、磁场效应、延时和延迟性等。分别采用不同的附加符号加在元器件一般符号上，表示被加符号的功能和特性。限定符号的应用使得图形符号更具多样性。

4）方框符号：表示元件、设备等的组合及其功能，既不给出元件、设备的细节，也不考虑所有连接的一种简单图形符号。

(3) 图形符号的分类:

1) 导线和连接器件:各种导线、接线端子和导线的连接、连接器件、电缆附件等。

2) 无源元件:包括电阻器、电容器、电感器等。

3) 半导体管和电子管:包括二极管、三极管、晶闸管、电子管、辐射探测器等。

4) 电能的发生和转换:包括绕组、发电机、电动机、变压器、变流器等。

5) 开关、控制和保护装置:包括触点(触头)、开关、开关装置、控制装置、电动机起动器、继电器、熔断器、间隙、避雷器等。

6) 测量仪表、灯和信号器件:包括指示换算和记录仪表、热电偶、遥测装置、电钟、传感器、灯、喇叭和铃等。

7) 电信交换和外围设备:包括交换系统、选择器、电话机、电报和数据处理设备、传真机、换能器、记录和播放等。

8) 电信传输:包括通信电路、天线、无线电台及各种电信传输设备。

9) 电力、照明和电信布置:包括发电站、变电站、网络、音响和电视的电缆配电系统、开关、插座引出线、电灯引出线、安装符号等。适用于电力、照明和电信系统平面图。

10) 二进制逻辑单元:包括组合和时序单元、运算器单元、延时单元、双稳、单稳和非稳单元、位移寄存器、计数器和贮存器等。

11) 模拟单元:包括函数器、坐标转换器、电子开关等。

(4) 常用图形符号应用的相关说明:

1) 所有的图形符号,均由按无电压、无外力作用的正常状态示出。

2) 在图形符号中,某些设备元件有多个图形符号,有优选形、其他形,形式 1、形式 2 等。选用符号的遵循原则:尽可能采用优选形;在满足需要的前提下,尽量采用最简单的形式;在同一图号的图中使用同一种形式。

3) 符号的大小和图线的宽度一般不影响符号的含义,在某些情况下,为了强调某些方面或者为了便于补充信息,或者为了区别不同的用途,允许采用不同大小的符号和不同宽度的图线。

4) 为了保持图面的清晰,避免导线弯折或交叉,在不引起误解的情况下,可以将符号旋转或成镜像放置,但此时图形符号的文字标注和指示方向不得倒置。

5) 图形符号一般都画有引线,但在绝大多数情况下引线位置仅用作示例,在不改变符号含义的原则下,引线可取不同的方向。若引线符号的位置影响到符号的含义,则不能随意改变,否则引起歧义。

6) 在 GB 4728 标准中比较完整地列出了符号要素、限定符号和一般符号,但组合符号是有限的。若某些特定装置或概念的图形符号在标准中未列出,允许通过已规定的一般符号,限定符号和符号要素适当组合,派生出新的符号。

7) 符号绘制:电气图用图形符号是按网格绘制出来的,但网格未随符号示出。

三、物理基础知识

本节主要介绍涉及粒子加速器的带电粒子及其在电场和磁场中运动规律的相关物理知识。

1. 电场的基本知识

(1) 电子、质子和中子的电量和质量

电子用符号e表示。带有1.6×10^{-19}库仑(C)负电荷,是电量的最小单位。电子的静止质量为9.041×10^{-31} kg(0.511 MeV)。

质子用符号p表示。它和中子一起构成原子核。质子带1个单位(1.6×10^{-19} C)的正电荷,它带的电量等于电子带的电量,只是电性相反(氢的原子核就是质子)。质子的静止质量1.673×10^{-27} kg(938.55 MeV)。

中子用符号n表示。中子是不带电的中性粒子,它的质量比质子略大,约为电子质量的1838.7倍。中子单独存在时不稳定,平均寿命约为15.3分钟。中子质量1.675×10^{-27} kg(939.767 MeV)。

(2) 电场

电场是电荷或变化磁场周围空间里存在的一种特殊物质。电场这种物质与通常的实物不同,它不由分子或原子所组成,但它是客观存在的。电场具有通常物质所具有的力和能量等客观属性。电场的力的性质表现为:电场对放入其中的电荷有作用力,这种力称为电场力。电场的能的性质表现为:当电荷在电场中移动时,电场力对电荷做功(这说明电场具有能量)。

静止电荷在其周围空间产生的电场,称为静电场;随时间变化的磁场在其周围空间激发的电场称为有旋电场(也称感应电场或涡旋电场)。静电场是有源无旋场,电荷是场源;有旋电场是无源有旋场。普遍意义的电场则是静电场和有旋电场两者之和。

(3) 电场强度

电场是一个矢量场,其方向为正电荷的受力方向。电场的力的性质用电场强度来描述。

电场强度是描述某点电场特性的物理量,符号是E,E是矢量。电场强度简称场强,定义为放入电场中某点的电荷所受的电场力F跟它的电荷量q的比值(即,$E=F/q$),场强的方向与正检验电荷的受力方向相同。场强的定义是根据电场对电荷有作用力的特点得出的。对电荷激发的静电场和变化磁场激发的涡旋电场都适用。场强的单位是牛/库或伏/米,两个单位名称不同但大小一样。

(4) 带电粒子在电场中的运动

1) 带电粒子的种类

① 基本粒子,如粒子、质子、电子、离子等。

② 带电微粒,如带电液滴、带电尘埃、带电小球等。

二者区别:基本粒子一般不计重力,但仍有质量;而带电微粒的重力一般不能忽略(当mg远小于qE除外)。

2) 带电粒子在电场中的运动

视带电粒子和电场的不同情况,带电粒子可做直线运动(直线加速,直线减速,往返运动等);也可以是复杂的曲线运动。

3) 带电粒子在电场中的加速(加速电场),粒子加速器的工作原理。

加速电压为U,带电粒子质量为m,带电量为q,假设从静止开始加速,则根据动能定理$mv^2/2=Uq$,所以离开电场时速度为$v=\sqrt{\dfrac{2Uq}{m}}$。

4）带电粒子在匀强电场中的偏转(偏转电场)，静电偏转器或分析器的工作原理。

如图所示，板长为 L，板间距离为 d，板间电压为 U，带电粒子沿平行于带电金属板以初速度 v_0 进入偏转电场，飞出电场时速度的方向改变角 $\boldsymbol{\theta}$。

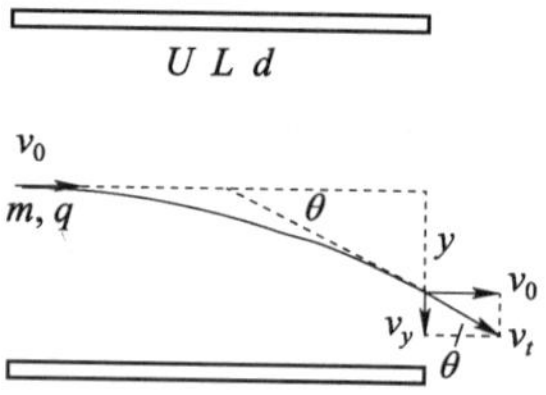

① 已知在偏转电场中的两个分运动：垂直电场方向的 $v_x=v_0$，平行电场方向的初速度为零，加速度为 Eq/m 的匀加速直线运动。

② 可推导出常见的几个物理量：

在电场中运动的时间：$t=L/v_0$

在电场中的加速度：$a=Eq/m=qU/dm$

飞出电场时竖直方向速度：$v_y=at$

偏转角的正切值：$\tan\boldsymbol{\theta}=v_y/v_0=qUL/mdv_0^2$

竖直方向位移：$y=at^2/2=qUL^2/2mdv_0^2$

③ 经同一加速电场由静止加速的两个质量、电量均不同的粒子，进入同一偏转电场，飞出时偏转角相同。由 $U_0q=mv_0^2/2$ 且 $\tan\boldsymbol{\theta}=qUL/mdv_0^2$ 得 $\tan\boldsymbol{\theta}=UL/2dU_0$，所以两粒子的偏转角相同，且与 m 与 q 无关。

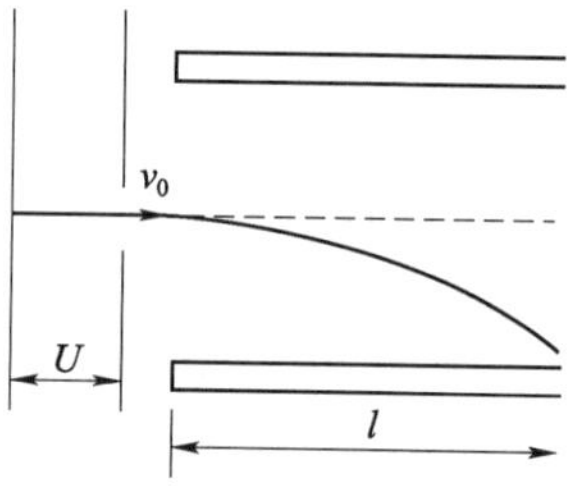

注意：这里的 U 与 U_0 不可约去，因为这分别是偏转电场的电压与加速电场的电压，二者不一定相等。

2. 磁场的基本知识

(1) 磁现象的一般认识

磁场是一种看不见而又摸不着的特殊物质。磁体周围存在磁场，磁体间的相互作用就是以磁场作为媒介的。电流、运动电荷、磁体或变化电场周围空间存在一种特殊形态的物质。由于磁体的磁性来源于电流，电流是电荷的运动，因而概括地说，磁场是由运动电荷或变化电场产生的。

(2) 磁场与磁感应强度

1）磁场

简易定义：对放入其中的小磁针有磁力作用的物质叫作磁场。

磁场的基本特征是能对其中的运动电荷施加作用力，磁场对电流、对磁体的作用力或力矩皆源于此。

与电场相仿，磁场是在一定空间区域内连续分布的矢量场，描述磁场的基本物理量是磁感应强度矢量 B，也可以用磁感线形象地表示。然而，作为一个矢量场，磁场的性质与电场颇为不同。运动电荷或变化电场产生的磁场，或两者之和的总磁场，都是无源有旋的矢量场，磁力线是闭合的曲线族，不中断，不交叉。磁力线闭合表明沿磁力线的环路积分不为零，即磁场是有旋场，而不是势场(保守场)，不存在类似于电势那样的标量函数。

2）磁感应强度

与磁力线方向垂直的单位面积上所通过的磁力线数目，又叫磁力线的密度，也叫磁通密度，用 B 表示，单位为特(斯拉)T。

磁通量：磁通量是通过某一截面积的磁力线总数，用 $\boldsymbol{\Phi}$ 表示，单位为韦伯(Weber)，符号是 Wb。通过一线圈的磁通的表达式为：$\boldsymbol{\Phi}=B\cdot S$(其中 B 为磁感应强度，S 为该线圈的面积。) 1 Wb=1 T·m^2。

磁场方向：定义小磁针的北极在磁场中某点所受磁场力的方向为该电磁场的方向。从北极出发到南极的方向，在磁体内部是由南极到北极，在外可表现为磁感线的切线方向或放入磁场的小磁针在静止时北极所指的方向。磁场的南北极与地理的南北极正好相反，且一端的两种极之间存在一个偏角，称为磁偏角。磁偏角不断地发生缓慢变化。掌握磁偏角的变化对于应用指南针指向具有重要意义。

磁力线：在磁场中画一些曲线，使曲线上任何一点的切线方向都跟这一点的磁场方向相同，这些曲线叫作磁力线。磁力线是闭合曲线。规定小磁针的北极所指的方向为磁力线的方向。磁铁周围的磁力线都是从N极出来进入S极，在磁体内部磁力线从S极到N极。

(3) 电磁场

电磁场是有内在联系、相互依存的电场和磁场的统一体和总称。随时间变化的电场产生磁场，随时间变化的磁场产生电场，两者互为因果，形成电磁场。电磁场可由变速运动的带电粒子引起，也可由强弱变化的电流引起，不论原因如何，电磁场总是以光速向四周传播，形成电磁波。电磁场是电磁作用的媒递物，具有能量和动量，是物质存在的一种形式。电磁场的性质、特征及其运动变化规律由麦克斯韦方程组确定。

(4) 磁场类型

1) 恒定磁场：磁场强度和方向保持不变的磁场称为恒定磁场或恒磁场，如铁磁片和通以直流电的电磁铁所产生的磁场。

2) 交变磁场：磁场强度和方向在规律变化的磁场，如工频磁疗机和异极旋转磁疗器产生的磁场。

3) 脉动磁场：磁场强度有规律变化而磁场方向不发生变化的磁场，如同极旋转磁疗器、通过脉动直流电磁铁产生的磁场。

4) 脉冲磁场：用间歇振荡器产生间歇脉冲电流，将这种电流通入电磁铁的线圈即可产生各种形状的脉冲磁场。脉冲磁场的特点是间歇式出现磁场，磁场的变化频率、波形和峰值可根据需要进行调节。

恒磁场又称为静磁场，而交变磁场，脉动磁场和脉冲磁场属于动磁场。磁场的空间各处的磁场强度相等或大致相等的称为均匀磁场，否则就称为非均匀磁场。离开磁极表面越远，磁场越弱，磁场强度呈梯度变化。

(5) 磁场对运动电荷的作用

1) 洛仑兹力的概念：运动电荷所受磁场的作用力称为洛仑兹力。

2) 洛仑兹力的方向：用左手定则判定，手的四指指向正电荷运动方向(或负电荷运动的相反方向)，洛仑兹力的方向总是与电荷运动的方向垂直。

3) 洛仑兹力的大小：当电荷运动的速度 v 方向与磁感应强度 B 的方向垂直时，$f=qvB$；当 B 与 v 平行时，电荷不受洛仑兹力($f=0$)。当电荷相对于磁场静止($v=0$)时，电荷不受洛仑兹力($f=0$)。

4) 洛仑兹力永远与速度 v 垂直，故洛仑兹力永远不做功。

5) 带电粒子以一定的初速度与磁场方向垂直进入匀强磁场时，由于洛仑兹力总是跟粒子运动方向垂直，对粒子不做功，它只改变粒子运动的方向，而不改变粒子的速率，所以粒子受到的洛仑兹力 $f=qvB$ 的大小是恒定的，且 f 的方向始终与 v 垂直。故这个力 f 充当向心力，因此，粒子的运动一定是匀速圆周运动。

6）轨道的半径与周期：

由 $f_{洛}=F_{向}$，得：$qvB=m\frac{V^2}{r}=m\left(\frac{2\pi}{T}\right)^2 r$

所以，轨道半径为 $r=\frac{mv}{qB}$；运动周期为 $T=\frac{2\pi r}{v}=\frac{2\pi m}{qB}$。

注意：带电粒子的运动周期与轨道半径和粒子的速率无关，只跟粒子的质荷比 $\frac{m}{q}$ 成正比，跟磁感强度成反比。

7）在磁场中作匀速圆周运动的带电粒子，其轨迹半径变化有两种情况(回旋加速器工作原理)：

① 由于动能变化，也即是速率 v 变化，由 $r=\frac{mv}{qB}$ 得知 r 也随之发生变化，动能增大半径 r 增大，动能减小半径 r 减小。

② 由于 B 变化，由 $r=\frac{mv}{qB}$ 知 r 也变化。

四、化学基础知识

主要介绍涉及粒子加速器的(离子源)带电粒子的种类及其产生机理的相关化学知识。

1. 原子的组成

(1) 原子的组成与质子、电子和中子

质子：决定元素的种类；

中子：决定同一元素中的不同原子(核素)；

质子和中子：决定原子的质量；

核外电子：主要决定元素的化学性质(特别是最外层电子)。

(2) 元素、核素、同位素

1）元素：指具有相同核电荷数(质子数)的同一类原子的总称，它以游离态(单质)和化合态(化合物)存在于自然界。

2）核素、同位素：具有一定质子数和中子数的原子叫作核素。同种元素的不同核素互称为同位素。目前已经发现一千多种核素，其中既有天然的也有放射性的，所有元素均有放射性核素，但未必有天然核素。同位素构成的物质是不同物质，它们的物理性质不尽相同，但化学性质几乎相同。

2. 原子核外电子的排布

(1) 原子内的电子是按照一定的壳层排列的。元素的物理、化学性质决定于最外层电子(价电子)的数目和排列状况。表 2-3 给出各主壳层和次壳层可容纳电子的最大数目。

表中的 n 称为主量子数，与主量子数 $n=1$、2、3、4、5、6 相对应的各主壳层分别用符号 K、L、M、N、O、P 表示，所以也分别称为 K 壳层、L 壳层、M 壳层、N 壳层……次壳层用角量子数 l 表征，与 $l=0$、1、2、3、4、5、6 相对应的各次壳层分别用符号 s、p、d、f、g、h、i 表示，因此，可分别称为 s 次壳层，p 次壳层，d 次壳层……

表 2-3　元素原子各主壳层和次壳层可容纳电子的最大数目

n \ l		0	1	2	3	4	5	6	N_n
		s	p	d	f	g	h	i	
1	K	2							2
2	L	2	6						8
3	M	2	6	10					18
4	N	2	6	10	14				32
5	O	2	6	10	14	18			50
6	P	2	6	10	14	18	22		72
7	Q	2	6	10	14	18	22	26	98

主量子数为 n 的主壳层中，可容纳的最多电子数用下式表示：

$$N_n=\sum_{l=0}^{n-1}2(2l+1)=2n^2$$

可以看出，随着核外电子的增加，最外层的电子数目和排列出现周期性的变化，这就导致了元素性质的周期性。

原子内电子分层排列的壳层结构已为原子光谱和 X 射线光谱分析所证实。

(2) 原子核外电子能量的高低与电子层数的关系

在多电子的原子里，电子的能量并不相同，能量低的，受核电荷吸引，通常在离核近的区域运动；能量高的，通常在离核远的区域运动。根据电子的能量差异和运动空间离核的远近不同，核外电子分别处于不同电子层上。

n 表示电子层的序数，n 值越大，电子离核越远，电子的能量就越高，如表 2-4 所示。

表 2-4　电子层数及其特点

电子层序数(n)	1	2	3	4	5	6	7
电子层符号	K	L	M	N	O	P	Q
电子能量	由低→高						
电子离原子核距离	由近→远						

(3) 核外电子的分层排布规律

1) 各电子层最多容纳的电子数 $2n^2$ 个；

2) 最外层电子数目不超过 8 个，次外层电子数目不超过 18 个，倒数第三层电子数目不超过 32 个(K 层除外)；

3) 核外电子总是尽可能排在能量最低的电子层里，然后再由里往外，依次排布在能量逐步升高的电子层里，即排满 K 层再排 L 层，排满 L 层再排 M 层……

4) 核外电子排布规律是相互联系的，不能孤立地理解。例如：当M层不是最外层时，最多可排 18 个电子，而当它是最外层时，则最多可排 8 个电子。

3. 元素周期表基本知识

元素的性质随着核电荷数的递增而呈现出周期性的变化,这个规律叫作元素周期律。

元素按照原子序数递增的顺序依次排列时,原子最外层上的电子数呈现出从1到8的周期性变化。相应于这种变化,每个周期都以碱金属开始,以稀有气体结束。元素的化学性质,主要取决于元素原子的电子结构,特别是最外层电子结构。所以元素的周期性,来源于原子电子层结构的周期性。

元素的周期律是门捷列夫于 1869 年提出的。按照原子量的大小和元素性质排列起来的元素表称为元素周期表。如图 2-4 所示是周期表的一种样式。

4. 元素金属性与非金属性的判断比较

(1) 金属性:

1) 根据其最高价碱的碱性强弱判断;

2) 根据其和+1 价氢反应的难易判断;

3) 根据置换反应判断;

4) 根据金属的活动性顺序表判断。

(2) 非金属性:

1) 根据其最高价含氧酸的酸性强弱判断;

2) 根据其和氢气反应的难易判断;

3) 根据其气态氢化物的热稳定性判断;

4) 根据置换反应判断。

表 2-5 所示为主族元素金属性和非金属性的递变规律。

表 2-5　主族元素金属性和非金属性的递变

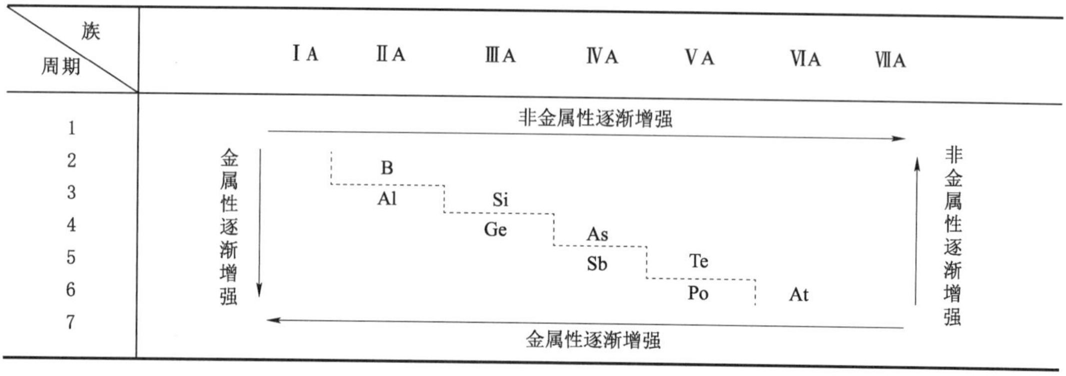

5. 元素的电离能(正离子源)

电离能表示元素原子丢失电子的能力。元素的一个基态气态原子失去一个电子成为气态一价正离子所需的能量称为该元素的第一电离能,记为 I_1。若进一步失去电子,则还有第二、第三电离能,I_2、I_3、…,且 $I_3>I_2>I_1$。通常将第一电离能简称为电离能(I),单位 $kJ \cdot mol^{-1}$。电离能的大小可由原子光谱数据精确测出。

电离能的大小通常作为金属活泼性的重要标志。电离能越小,价电子越易丢失,该元素的金属越活泼。元素的第一电离能随原子序数的增大呈现周期性变化,其大小主要取决于原子的有效核电荷、原子半径和原子的电子层结构。

元素周期表

Periodic Table of the Elements

原子序数 — 1 H 氢 hydrogen 1.008 [1.0078, 1.0082]：H 元素符号；氢 元素中文名称；hydrogen 元素英文名称；1.008 惯用原子量；[1.0078, 1.0082] 标准原子量

1	2	3	4	5	6	7	8	9	10	11	12	13	14	15	16	17	18
1 H 氢 hydrogen 1.008 [1.0078, 1.0082]																	2 He 氦 helium 4.0026
3 Li 锂 lighium 6.94 [6.938, 6.997]	4 Be 铍 bery lium 9.0122											5 B 硼 boron 10.81 [10.806, 10.821]	6 C 碳 carbon 12.011 [12.009, 12.012]	7 N 氮 nitrogen 14.007 [14.006, 14.008]	8 O 氧 oxygen 15.999 [15.999, 16.000]	9 F 氟 fluorine 18.998	10 Ne 氖 neon 20.180
11 Na 钠 sodium 22.990	12 Mg 镁 magnesium 24.305 [24.304, 24.307]											13 Al 铝 aluminium 26.982	14 Si 硅 silicon 28.085 [28.084, 28.086]	15 P 磷 phosphorus 30.974	16 S 硫 sulfur 32.06 [32.059, 32.076]	17 Cl 氯 chlorine 35.45 [35.446, 35.457]	18 Ar 氩 argon 39.948
19 K 钾 potassium 39.098	20 Ca 钙 calc um 40.078(4)	21 Sc 钪 scandium 44.956	22 Ti 钛 titanium 47.867	23 V 钒 vanadium 50.942	24 Cr 铬 chromium 51.996	25 Mn 锰 manganese 54.938	26 Fe 铁 iron 55.845(2)	27 Co 钴 cobalt 58.933	28 Ni 镍 nickel 58.693	29 Cu 铜 copper 63.546(3)	30 Zn 锌 zinc 65.38(2)	31 Ga 镓 gallium 69.723	32 Ge 锗 germanium 72.630(8)	33 As 砷 arsenic 74.922	34 Se 硒 selenium 78.971(8)	35 Br 溴 bromine 79.904 [79.901, 79.907]	36 Kr 氪 krypton 83.798(2)
37 Rb 铷 rubidum 85.468	38 Sr 锶 strontium 87.52	39 Y 钇 yttrium 88.906	40 Zr 锆 zirconium 91.224(2)	41 Nb 铌 niobium 92.906	42 Mo 钼 molybdenum 95.95	43 Tc 锝 technetium	44 Ru 钌 ruthenium 101.07(2)	45 Rh 铑 rhodium 102.91	46 Pd 钯 palladium 106.42	47 Ag 银 silver 107.87	48 Cd 镉 cadmium 112.41	49 In 铟 indium 114.82	50 Sn 锡 tin 118.71	51 Sb 锑 antimony 121.76	52 Te 碲 tellurium 127.60(3)	53 I 碘 iodine 126.90	54 Xe 氙 xenon 131.29
55 Cs 铯 caesium 132.91	56 Ba 钡 barium 137.33	57-71 镧系 lanthanoids	72 Hf 铪 hafnium 178.49(2)	73 Ta 钽 tantalum 180.95	74 W 钨 tungsten 183.84	75 Re 铼 rhenium 186.21	76 Os 锇 osmium 190.23(3)	77 Ir 铱 iridium 192.22	78 Pt 铂 platinum 195.08	79 Au 金 gold 196.97	80 Hg 汞 mercury 200.59	81 Tl 铊 thallium 204.38 [204.38, 204.39]	82 Pb 铅 lead 207.2	83 Bi 铋 bismuth 208.98	84 Po 钋 polonium	85 At 砹 astatine	86 Rn 氡 radon
87 Fr 钫 francium	88 Ra 镭 radium	89-103 锕系 actinoids	104 Rf 𬬻 rutherfordium	105 Db 𬭊 dubnium	106 Sg 𬭳 seaborgium	107 Bh 𬭛 bohrium	108 Hs 𬭶 hassium	109 Mt 鿏 meitnerium	110 Ds 𫟼 darmstadtium	111 Rg 𬬭 roentgenium	112 Cn 鿔 copernicium	113 Nh 鿭 nihonium	114 Fl 𫓧 flerovium	115 Mc 镆 moscovium	116 Lv 𫟷 livermorium	117 Ts 石田 tennessine	118 Og 气奥 oganesson

57 La 镧 lanthanoids 138.91	58 Ce 铈 cerium 140.12	59 Pr 镨 praseodymium 140.91	60 Nd 钕 neodymium 144.24	61 Pm 钷 promethium	62 Sm 钐 samarium 150.36(2)	63 Eu 铕 europium 151.96	64 Gd 钆 gadolinium 157.25(3)	65 Tb 铽 terbium 158.93	66 Dy 镝 dysprosium 162.50	67 Ho 钬 holmium 164.93	68 Er 铒 erbium 167.26	69 Tm 铥 thulium 168.93	70 Yb 镱 ytterbium 173.05	71 Lu 镥 lutetium 174.97
89 Ac 锕 actinoids	90 Th 钍 thorium 232.04	91 Pa 镤 protactinium 231.04	92 U 铀 uranium 238.03	93 Np 镎 neptunium	94 Pu 钚 plutonium	95 Am 镅 americium	96 Cm 锔 curium	97 Bk 锫 berkelium	98 Cf 锎 californium	99 Es 锿 einsteinium	100 Fm 镄 fermium	101 Md 钔 mendelevium	102 No 锘 nobelium	103 Lr 铹 lawrencium

英文版元素周期表及更新请见www.iupac.org；中文译版元素周期表及更新请见www.chemsoc.org.cn。

图 2-4　元素周期表

(1) 同一周期各元素从左至右,随着原子序数的增大,原子半径逐渐减小而有效核电荷依次增大,原子丢失电子越来越难,因而电离能增大,但由于电子亚层的半充满(如 N 与 O 等)或全充满而略有起伏。稀有气体各亚层全充满,具有稳定结构,电离能数值显著变大。

(2) 过渡元素的电离一般先电离 ns 电子后电离(n-1)d 电子。ns 电子电离后,有效核电荷增大,电子的钻穿效应相应减小,主量子数成为影响能量的主要因素,例如 Fe^{2+}的 3d 轨道能量显著低于 4 s,故 Fe^{2+}电子构型为 $3d^64s^0$。

(3) 主族元素从上到下,电离能减小。因为原子半径增大,虽然核电荷数也增加了,但由于内层电子数增加,屏蔽效应也愈加显著,核电荷对外层电子的引力随之减弱,使得外层电子易于丢失。副族元素电离能的规律性较差,第五、六周期过渡元素的电离能大小“反常”。这是由于它们的半径变化不大,而核电荷却显著增大的缘故。

电离能的大小除了反映元素金属性的强弱外,还可说明元素的常见化合价。表 2-6 列出第三周期元素电离能的数值。数据表明,Na 的 $I_1 \ll I_2$,Mg 的 $I_2 \ll I_3$,Al 的 $I_3 \ll I_4$,Si 的 $I_4 \ll I_5$,……因此,Na 通常为+1 价,Mg 为+2 价,Al 为+3 价。对于任何元素,第三电离能之后的各级电离能数值都较大,高于+3 价的独立离子通常很少存在。

表 2-6　第三周期元素电离能

	Na	Mg	Al	Si	p	S	Cl	Ar
I_1	496	738	578	787	1 012	1 000	1 251	1 521
I_2	4 562	1 450	1 817	1 557	1 903	2 251	2 297	2 966
I_3		7 733	2 745	3 232	2 912	3 361	3 822	3 331
I_4			11 578	4 356	4 957	4 564	5 158	5 771
I_5				16 091	6 274	7 613	6 540	7 283
I_6					21 296	8 496	9 362	8 781
I_7						27 106	11 018	11 995
I_8							33 605	13 842

6. 元素的电子亲和能(负离子源)

一个基态气态原子得到一个电子形成气态负一价离子所释放出的能量称为第一电子亲和能,以 EA1 表示,依次也有 EA2、EA3 等。

元素的第一电子亲和能越大,表示元素由气态原子得到电子生成负离子的倾向越大,该金属的非金属性越强。

第一电子亲和能的变化规律:族内元素的第一电子亲和能随着原子序数的增加而降低(也即形成负离子时释放的能量越来越少)。但是,氟不符合这一规律,下面进行单独的说明。

电子亲和能是衡量原子核与外来电子之间吸引力的指标。原子核与外来电子之间的吸引力越强,则释放的能量也就越多。

哪些因素能影响原子核与外来电子间的吸引力呢?这些因素跟影响电离能大小的因素是相同的,即:原子的电荷、电子与原子核之间的距离、屏蔽。随着族内元素原子序数的增加，元素的核电荷随之增加，但其电子也增加，增加的电子所产生的屏蔽将抵销核电荷的增加。无论是哪个 7 族元素，它们的外层电子都通通都感受到来自原子核 7+电荷的吸引力。

例如，氟(F)的电子排布为 1s2s2px2py2pz。其原子核有 9 个质子。

外来电子进入第 2 能级，并由两个 1s 电子屏蔽。外来电子所感受到的净吸引力为 7+个电荷(9 个质子减去 2 个屏蔽电子)。

相比之下，氯(Cl)的电子排布为 1s2s2p3s3px3py3pz。其原子核有 17 个质子。

但外来电子仍感受到7+电荷(17个质子减去第一与第二能级共10个电子的屏蔽) 的净吸引力。

这样，原子核与外来电子之间的距离便成了决定性因素，随着族内元素原子序数的增加，原子核与外来电子之间的距离也越来越远(原子半径越来越大)，它们间的吸引力越来越小，释放的能量(电子亲和能)越来越少。

氟为何没有遵守规律?

与族内其他元素比较，氟的外来电子是离原子核最近的。因此，氟的电子亲和能应该是最高的。但由于氟是很小的原子，在氟原子所占据的不大的空间中挤满了电子，这些拥挤在一起的电子对外来电子产生异常强烈的排斥作用。这种排斥作用削弱了原子核对外来电子的吸引力，电子亲和能随之减少。

6 族元素中的氧和硫同样没有遵守规律，氧的第一电子亲和能(−142 kJ・mol)比硫(−200 kJ・mol)小，造成这一现象的原因跟造成氟的电子亲和能比氯小的原因是完全相同的。

7. 元素的负电性

周期表中各元素的原子吸引电子能力的一种相对标度，又称负电性。元素的负电性愈大，吸引电子的倾向愈大，非金属性也愈强。

负电性的定义和计算方法有多种，每一种方法的负电性数值都不同，具有代表性的有 3 种：① L.C.鲍林提出的标度。根据热化学数据和分子的键能，指定氟的电负性为 3.98，以此来计算其他元素的相对电负性。② R.S.密立根从电离势和电子亲合能计算的绝对电负性。③ A.L.阿莱提出的建立在核和成键原子的电子静电作用基础上的电负性。

利用电负性值时，必须是同一套数值进行比较。

五、辐射防护基础知识

1. 电离辐射及其特性

(1) 什么是电离辐射

电离辐射过去曾称为致电离辐射，就是能使物质原子发生电离和激发的辐射。它们不同于热、光等辐射，人的任何感觉器官都无法直接察觉电离辐射的存在。电离辐射在本教程中将简称为“辐射”；有时称“射线”或“粒子”。

电离辐射主要有α 射线、β 射线、γ射线和中子(用符号 n 表示)四种类型。X 射线与γ射线属于同一类型。

(2) 关于电离辐射的预备知识

电离和激发的含义和各种射线的本质，涉及物质结构、原子和原子核方面的一些知识。

1) 物质结构概貌

物质是给组成宇宙的材料起的名称。从大到小，物质结构的概貌可以用图 2-5 表示。

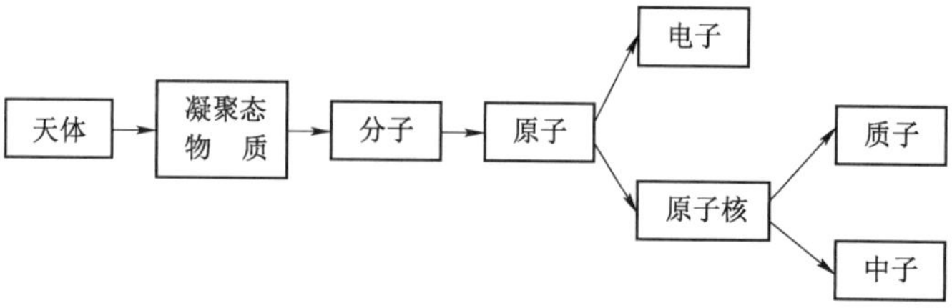

图 2-5　物质结构概貌示意图

物质由分子组成,分子是物质能独立存在的最小单元。分子由原子组成,原子是元素的最小单元,原子无法用化学方法将其分解。自然界中存在 92 种稳定元素,另外还有几十种人工合成元素。

原子由原子核和核外电子组成。原子核又由带正电荷的质子和不带电的中子组成。元素原子核的质子(带正电)数和核外电子(带负电)数在一般情况下是相等的,因此原子呈电中性,而原子核总是带正电荷。

2) 元素的表示方法和同位素

质子、中子、电子都是非常微小的,其质量常用原子质量单位 u 来表示,它是取碳(C)原子量的 1/12。

$$1\ \text{u}=1.660\ 566\times10^{-27}\ \text{kg}$$

在元素周期表中,一种元素这样来表示:

$$^{A}_{Z}\text{X}$$

称为元素符号,其中,

X——元素的名称,如,H,He,Cu,Pb 等;

A——元素的质量数;

Z——原子序数,等于原子核中的质子数。

由于质子和中子的质量都近似为 1 u,因此把质子和中子的质量数都视为 1。这样,如果原子核中的中子数用 N 表示的话,则有关系式:

$$质量数\ A=质子数\ Z+中子数\ N$$

如上面所说,同一元素就是具有相同质子数的物质。一个元素在周期表上占一个位置。同位素就是原子核中质子数相同,而中子数不同的物质。例如,^{59}Co 和 ^{60}Co 是同位素,它们都有 27 个质子(原子序数 Z=27),只是 ^{59}Co 的原子核中有 32 个中子而 ^{60}Co 的原子核中有 33 个中子。

还使用"核素"这个名词,它指的是原子核的种类。Z 和 N 一定时的原子核为一种核素。因此,^{59}Co 和 ^{60}Co 是不同的两种核素。

(3) 电离辐射产生的机理

描述微观世界规律有一门科学叫作量子力学。按照量子力学的原理,原子核外的电子是分层有序分布的;原子核也有能级之分。当它们的状态由于种种原因(例如射线的轰击)而发生变化时,往往发射出 X 射线或γ射线。

元素原子核中的质子数与中子数有一定的比例,对轻元素这个比值大致为 1,对重元素大致为 1.5。偏离这个比值,核素就变得不稳定,可能发射β射线和α射线。

中子往往是在发生原子核反应的瞬间产生,个别重元素发生裂变时也能放出中子。

粒子加速器能将带电粒子(包括电子)加速到很高的能量,高能量的带电粒子可能与物质发生相互作用，也可能引起核反应并放出中子，它们当然也在电离辐射之列。

(4) 几种射线的本质

1) α 射线是具有能量的氦原子核，由两个质子和两个中子组成，质量数是 4，带 2 个单位的正电荷。在几种自然的射线中，α 射线最重，带的电荷最多。

2) β 射线是高能电子，其质量大约是质子或中子的 1/1840，带 1 个单位的负电荷。

3) γ 射线和 X 射线是一种波长很短的电磁波，其波长在 10^{-12} m～10^{-10} m，比光波(约 10^{-8} m)和无线电超短波(约 10^{-4} m)要短得多。不带电荷，没有静止质量，在空气中近似以光速传播。

这两种射线产生的机理不同，如图 2-6 所示，X 射线来自原子轨道电子的变化，γ 射线来自原子核能级变化。

图 2-6　发射出 X 射线或γ射线的机理

各种辐射与波长范围见表 2-7。

表 2-7　各种辐射与波长范围表

辐射类型	波长/m
无线电波、中波段	500
无线电波、甚高频段	3
可见光	10^{-7}～10^{-6}
X 射线 50 keV 能量	2.5×10^{-11}
γ 射线 1 MeV 能量	1.2×10^{-12}

4) 中子(n)不带电荷，质量数是 1。

(5) 放射性衰变及其规律

1) 放射性同位素

某些元素的原子核不稳定，能自发地放出α、β 粒子，称为放射性。具有这种特性的核素称为放射性核素或放射性同位素。这种过程称为放射性衰变。

自然界中存在少量天然放射性同位素，如，铀、钍、镭、氡等；但目前主要是人工合成的放射性同位素，有几千种，主要方法是用核反应堆的中子辐照、加速器产生的高能粒子辐照或从原子核裂变产物中提取。例如，^{60}Co 就是利用反应堆中子辐照稳定的核素 ^{59}Co 而成的，其反应式可写成：

$$^{59}\mathrm{Co}+\mathrm{n}\longrightarrow{}^{60}\mathrm{Co}+\gamma$$

过程中放出γ射线，它还不是下边将要介绍的 ^{60}Co 放出的γ射线。

2) 放射性衰变规律

大量的原子核发生衰变，服从统计学的指数规律，即，

$$N = N_0 e^{-\lambda t}$$

式中：N_0——开始时刻(t=0) 的原子核数；

N——t时刻的原子核数；

λ——称衰变常数，由核素性质决定。

原子核数衰变为初始时的一半的时间称为半衰期，记作，$T_{1/2}$，可以算得：

$$T_{1/2} = 0.693/\lambda$$

放射性核素的半衰期，短的可以不足 1 s，长的可以成千上万年。例如，同是γ 放射源，^{137}Cs 的半衰期为 30.17 a，放出γ射线的能量为 0.66 MeV；而 ^{60}Co 的半衰期为 5.27 a，放出两个γ射线的能量分别为 1.17 MeV 和 1.33 MeV。^{60}Co 的衰变示意如图 2-7 所示。

(6) 射线为什么具有很强的穿透力

1) 对射线来说，周围的物质几乎是“透明”的。

原子的大小在 10^{-10} m 数量级，指的是核外电子云分布的范围；而原子核的大小在 10^{-14} m 数量级，指的是核力作用的范围或核电荷分布的范围，例如，氦原子核结构示意如图 2-8 所示。

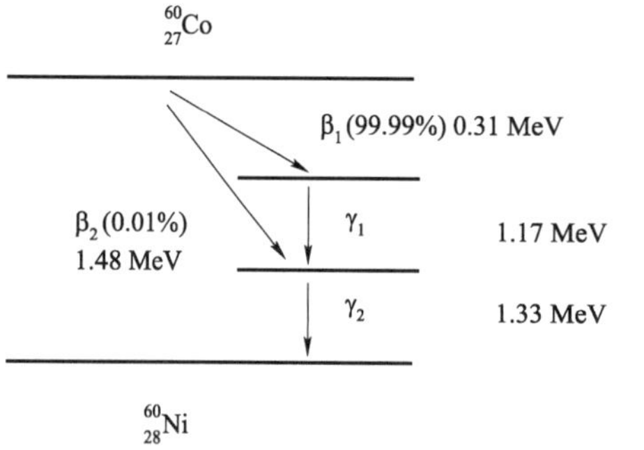

图 2-7 ^{60}Co 的衰变示意图

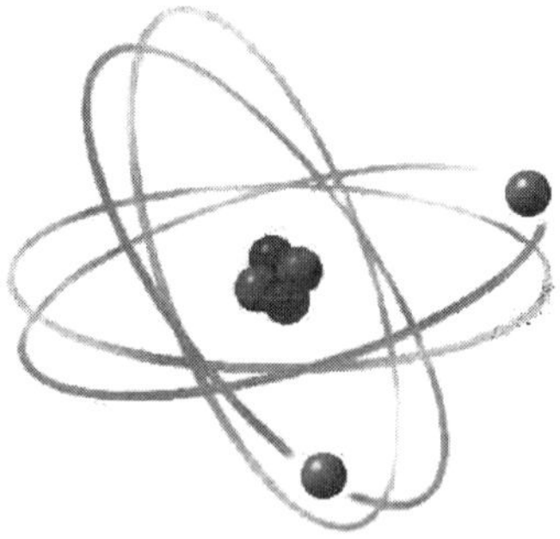

图 2-8 氦原子结构示意图

为了说明问题，不妨把原子核大小放大为一个 1 cm 的小球，则原子的大小可以大到 100 m，足有两个足球场那么大。可见，对于射线来讲原子是非常“空”的，简直可以穿来穿去，毫无阻挡。不过，总还存在碰撞和其他相互作用的可能性，尤其是物质很“厚”时，更是如此。

2) 电场的作用范围要大一些。

带有电荷的粒子，会在其周围形成电场。电场的作用范围要比粒子本身的大小大得多。原子核带正电，核外电子带负电，它们都会形成电场。因此，对于带电荷的α 射线、β 射线来讲，它们本身是有电场的，所以与周围物质的碰撞和相互作用的可能性就大得多。所以，α 射线、β 射线的穿透能力比不带电的γ射线和中子就差得多，尤其是α 射线，个儿又大，带的电荷又多，一张纸就能把它挡住，在空气中也只能走几厘米。各种射线穿透能力的示意如图 2-9 所示。

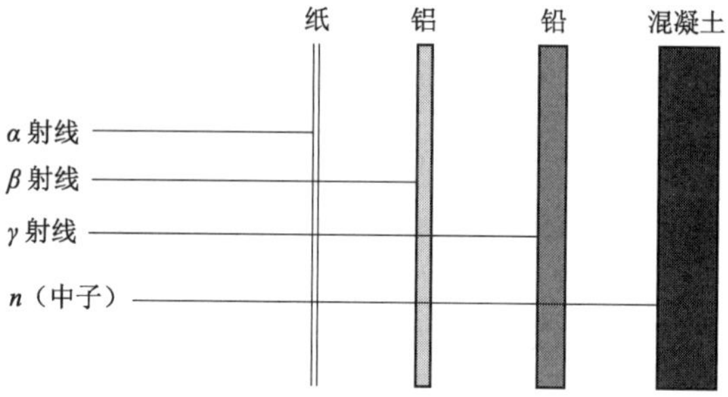

图 2-9 几种射线的穿透能力的示意图

(7) 电离和激发

具有一定动能的射线在物质中通过时,由于它们与原子核外电子间发生碰撞或电场间的相互作用,把本身的部分或全部能量传递给电子,如果电子获得的能量足以克服原子核对它的束缚,逃出来成为自由电子,这就是“电离”。被电离的原子带正电荷与逃逸出来的电子形成“离子对”;如果电子获得的能量不足以摆脱原子核对它的束缚,而是由低能级跃迁到高能级,使原子处于“激发态”,此过程便称为“激发”。

被电离的粒子往往还具有能量,还能再继续与物质作用发生电离或激发;处于激发态的原子在回复到基态时,会放出 X 射线将多余的能量带走。

γ射线和中子虽然不带电,在物质中穿透能力很强,但它们与物质发生碰撞作用时,都能产生带电的次级射线,如电子和反冲质子等,而次级射线又往往具有能量,可以继续使物质发生电离和激发,所以,γ射线和中子也在电离辐射之列。

α、β、γ和中子与物质相互作用的主要类型可概括为表 2-8 所示。

表 2-8 射线与物质相互作用简表

辐射	作用过程	导致结果
α	与核外电子发生非弹性碰撞	产生激发和电离
β	1. 与核外电子发生非弹性碰撞 2. 在核库仑场中发生方向改变 3. 在核库仑场中发生速度变化 4. 与β^+相互碰撞	产生激发和电离 产生弹性散射 产生韧致辐射 产生电子湮没
γ(x)	1. 与核外电子产生光电效应 2. 与核外电子产生康普顿效应 3. 产生电子对效应	光子完全被吸收 光子部分能量被吸收 光子变成电子
中子	1. 弹性散射 2. 非弹性散射 3. 辐射俘获(n,γ)反应 4. 带电粒子发射(n,α)等反应 5. 重核发生裂变	改变方向 激发靶核 与靶核形成复合核 发射带电粒子 重核裂变

各种射线与物质的相互作用过程、规律和研究结果,本教程将不予展开叙述,必要时可查阅有关资料。

2. 电离辐射和防护中常用的物理量及其单位

法定使用国际单位制(SI),但由于习惯的原因,某些非 SI 常用量和单位仍常出现,所以也做些介绍,前面冠以“老”字。

(1) 放射性活度(放射性强度)

描述物质放射性强弱的量。老单位称居里(Ci),1 Ci 相当于 1 克镭的放射性活度,等于 3.7×10^{10} 衰变/秒。SI 单位称贝可(Bq),1 Bq=1 衰变/秒,因此,1 Ci=3.7×10^{10} Bq。

有时,认为 Ci 的单位太大,可以用毫居里(mCi)或微居里(μCi)。

$$1\ \text{mCi}=10^{-3}\ \text{Ci}$$
$$1\ \mu\text{Ci}=10^{-6}\ \text{Ci}$$

有时,认为 Bq 的单位太小,可以用千贝可(kBq)或兆贝可(MBq)。

$$1\ \mathrm{kBq}=10^3\ \mathrm{Bq}$$

$$1\ \mathrm{MBq}=10^6\ \mathrm{Bq}$$

(2) 表示能量的单位电子伏(eV)

能量的 SI 单位是焦耳(J),在电离辐射中显得太大,通常用电子伏(eV)作单位,一个电子在电压为 1 伏的电场中获得的能量就是 1 eV。

$$1\ \mathrm{eV}=1.6\times10^{-19}\ \mathrm{J}$$

如果认为 eV 的单位太小,可以用千电子伏(keV)、兆电子伏(MeV)、吉电子伏(GeV)或太电子伏(TeV)。

$$1\ \mathrm{keV}=10^3\ \mathrm{eV}$$

$$1\ \mathrm{MeV}=10^6\ \mathrm{eV}$$

$$1\ \mathrm{GeV}=10^9\ \mathrm{eV}$$

$$1\ \mathrm{TeV}=10^{12}\ \mathrm{eV}$$

(3) 照射量

描述 X、γ 射线在空气中电离能力的量,专用单位是伦琴(R),1 R 定义为,在标准条件下,能使 1 cm^3 的空气(1.293 mg)产生 1 静电单位的电量(0.33×10^{-9} 库仑)。

照射量的 SI 单位应是库仑/千克(C/kg)

$$1\ \mathrm{R}=2.58\times10^{-4}\ \mathrm{C/kg}。$$

(4) 吸收剂量,用符号 D 表示

描述任何物质吸收任何种类电离辐射能量的量。能量可以对任何确定的体积加以平均,平均能量等于授与该体积的总能量除以该体积的质量而得的商。吸收剂量的 SI 单位是焦耳每千克($\mathrm{J\cdot kg^{-1}}$),称为戈瑞(Gy)。

历史上用的老单位称拉德(rad)。1 rad=10^{-2} Gy,因此,1 Gy=100 rad。

(5) 当量剂量,用符号 H_T 表示

描述不同种类的辐射对人体组织器官产生的影响的量,对人体组织器官所受吸收剂量进行加权。它等于:

$$H_T=D\times W_R$$

式中,W_R 称辐射权重因数,W_R 的近似值如表 2-9 所示。

表 2-9　辐射类型与 W_R 近似值表

辐射类型	W_R 近似值
X、γ、β	1
质子、质量≥1 u 的单电荷粒子	5～10
中子、α、多电荷粒子	20

SI 单位称希沃特(Sv),老单位称雷姆(rem)。

$$1\ \mathrm{Sv}=100\ \mathrm{rem}$$

(6) 有效剂量当量,用符号 H_E 表示

它考虑了人体不同组织或器官对同样的当量剂量受的伤害不同的因素,引进组织权重因数 W_T,并有:

$$H_E=\sum W_T H_T$$

式中，H_T 是 T 器官或组织受的当量剂量。W_T 值如表 2-10 所示。

表 2-10　组织权重因数 W_T 值

组织名称(T)	W_T	组织名称(T)	W_T
性腺	0.20	红骨髓	0.12
乳腺	0.05	肺	0.12
骨表面	0.01	甲状腺	0.05
结肠	0.12	胃	0.12
膀胱	0.05	肝	0.05
食道	0.05	皮肤	0.01
其余组织或器官	0.05		

H_E 的单位同当量剂量 H_T。

(7) 待积剂量

指待积有效剂量和(或)待积当量剂量。对相应剂量进行时间求和(积分)，即某时间段内所受剂量的总和。单位相应为 H_E 和 H_T 的单位：Sv。

进行终生求和时，对成年人取 50 a，对儿童的摄入要算至 70 岁。

(8) 年摄入量限值(ALI)

参与人在一年时间内经吸入、食入或通过皮肤所摄入的某种给定放射性核素的量，其所产生的待积剂量等于相应的剂量限值。ALI 用活度的单位表示。

职业人员一年的工作时间一般按 2 000 h 计(每年 50 周，每周 5 d，每天 8 h)。

3. 电离辐射广阔的应用领域

辐射应用与辐射防护是同时发展又互相制约的一对矛盾。辐射应用一般用较大的吸收剂量辐照材料，使其改性以适应需要，或直接用射线为人类服务；而辐射防护总是希望人体受照剂量越小越好，或者完全避免与射线接触。

(1) 五花八门的工业应用

1) 荧光指示

最初用镭作辐射源(α)，照在硫化锌上发光，制造出夜光表，在世界上流行了三四十年。镭也放出较强的γ射线，对人体，特别是手腕会产生一定的照射。目前，用作发光材料的是 ^{147}Pm(钷，$T_{1/2}$=2.6 a)和 ^{3}H(氚，$T_{1/2}$=12 a)，它们都是纯β发射体，能量较低，连 1 mm 的玻璃也不能穿透，而且价格便宜。它们还可用在夜间瞄准，用于仪表的夜间读数等方面。

2) 同位素电池

同位素发电方法有好几种，最简单的是利用热电偶，将吸收了同位素衰变热量的物体与周围介质间的温差转变为电位差。目前功率可达几百瓦，已用于航天卫星上作为能源。如，在阿波罗登月时，美国就对月球表面实验装置提供了一个 60 W ^{238}Pu(钚，$T_{1/2}$=2.4×10^4 a)发电器。

3) 静电消除器

使用α辐射源。如，^{210}Po(钋，$T_{1/2}$=2 138 d)、^{241}Am(镅，$T_{1/2}$=433 a)、^{239}Pu(钚，$T_{1/2}$=2.4×10^4 a)等，α射线能使周围空气电离，产生带电粒子、可以中和绝缘材料表面上的静电，避免了静电荷的积累。

可以做成各种形式的装置,如离子鼓风机、离子喷嘴等,用于纺织、造纸、印刷等行业。

4) X、γ射线探伤机

X、γ射线在物质中有很强的穿透能力,可检查锅炉、容器、铸件、构件等有无砂眼等缺陷。广泛用于冶金和机械制造业。探伤机的原理图如图 2-10 所示。

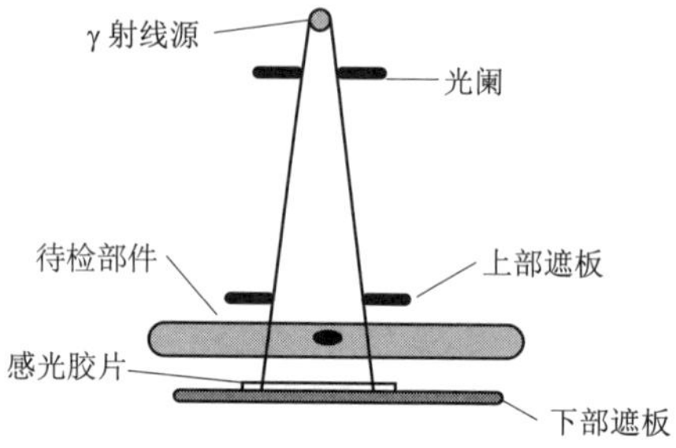

图 2-10 γ射线探伤机工作原理图

5) 离子注入技术

加速器加速的某些离子,使之注入一些物质中去,如将磷、硼、砷离子注入硅中,可改变其半导体性能,生产性能优良的器件。注入离子还可改变物质表面性质,增加其硬度及耐磨性,用于刀具、模具,可延长其使用寿命。

6) 辐照改性

射线辐照某些高分子材料,可实现其交联、接枝或裂解过程,制造出性能优越、用途不同的高分子材料。如聚乙烯辐照交联电缆,其抗老化和耐热性能大大提高。辐照交联生产的聚乙烯热缩材料在电力、电子、输油、航天等领域得到广泛应用。

(2) 农业和食品业上的应用

1) 辐照育种

经过辐照的种子发生变异的可能性大大增加,便于人工选育良种。一般一个 10^4 Bq(3 000 Ci)的 ^{60}Co 源就够用了。如“鲁棉 1 号”良种棉花,1975—1982 年从 1 亩扩种到 3 400 万亩,效益达 40 多亿元,获 1981 年国家发明一等奖;又如“原武 02”玉米良种,每亩可增产 80 斤;再如“原丰早”水稻新品种,每亩可增产 90 斤。

2) 辐照灭虫

辐照可杀死成虫、虫卵或使之发生不育;同时,不污染环境,不杀害益虫。美国在 20 世纪 60 年代用诱发不育灭虫方法,消灭了危害牲畜的螺旋锥蝇,每年减少损失 2 000 万美元。当时的具体做法是,用 250 Gy 剂量辐照锥蝇的蛹,这样孵化出来的成虫就不能生育,每周飞机撒 5 000 万只不育锥蝇,先后放了 20 亿只。

3) 辐照保鲜

灭菌、抑制发芽,几百戈瑞剂量就行。水果(香蕉、橘子)、土豆、洋葱等蔬菜抑制发芽,可大大延长其贮存期限。

在吸收剂量小于 1 万 Gy,γ能量小于 10 MeV 的情况下,辐照食品是安全的。目前世界上已有几十个国家批准销售辐照过的食品。

表 2-11 列出了不同辐照加工对象要求的吸收剂量的大致范围。

表 2-11　不同辐照加工对象要求的吸收剂量的大致范围

辐照加工类型	吸收剂量范围/Gy
抑制发芽	$10 \sim 10^2$
昆虫绝育	$10 \sim 10^2$
消毒灭菌	$10^2 \sim 10^4$
完全灭菌	$10^4 \sim 10^5$
有害物质处理	$10^4 \sim 10^5$
聚合反应	$10^3 \sim 10^5$
交联和降解	$10^5 \sim 10^6$

（3）核医学——一门新兴的医学

1）放射性诊断

具有无痛、灵敏、安全、准确性高等特点。例如，检查脏器功能，用 ^{123}I、^{125}I 和 ^{131}I 可检查甲状腺功能，用碘的同位素加马尿酸可检查肾功能等；用射线对脏器进行闪烁扫描、γ 照相或断层扫描分析（CT）等。

2）放射性治疗

辐射对细胞有抑制生长和杀伤作用。例如用 ^{60}Co、^{137}Cs 的γ射线和电子加速器加速的电子对癌进行“放疗”。质子和中子治疗也在发展，特点是局部杀灭，可控制深度和剂量。注射碘的同位素不但能检查甲状腺功能，还能治疗甲亢等甲状腺疾患。^{32}P（纯β 放射性，$T_{1/2}$=14.3 d）是亲骨性元素，可治疗真性细胞增多症（此病晚期发展为白血病），抑制骨髓的造血功能，据报道，50%的病人可存活 13～15 a。

在诊断和治疗疾病中，总是希望尽可能少地损伤健康组织，因此多采用短寿命、射线能量低的放射性同位素，这就要求生产同位素的部门与医疗部门协调、合作。

（4）科研中的应用

1）示踪原子

放射性同位素与其相应的稳定元素有相同的化学性质，因此可用放射性核素作示踪剂，研究获取生物的吸收过程、迁移情况和生物发育生长的新陈代谢信息。在过去几十年中，此方法已作出过许多贡献，发明此方法的匈牙利物理学家赫维西于 1943 年获诺贝尔奖。在宇航和太空方面也需要示踪原子，例如美国格利佛（Gulliver）计划，探测外星是否有生命存在，就是取样后，进行 ^{14}C 培养，有生命则会有 $^{14}CO_2$ 排出，^{14}C 放射β 的信息能及时传回地球上的实验室，进行鉴别。

2）考古年代测量

目前广泛用 ^{14}C（β，$T_{1/2}$=5 730 a）进行考古年代测量。自然界中，放射性 ^{14}C 和稳定的 ^{12}C 达到平衡，存在的比例 $^{14}C:^{12}C=1.2\times10^{-12}:1$ 是一定的，大约每克碳中每分钟有 14 个 ^{14}C 原子衰变。生物在其生存时，与自然界进行交换，体内 ^{14}C 的含量同自然界一致；但当他（它）死亡后，交换便停止，^{14}C 在其体内自然衰变，每过一个半衰期（5 730 a）就减少一半，探测器计数也将为自然界天然计数的 1/2。考古人员曾用此法测量周口店猿人和长沙马王堆汉墓的年代。

用加速器质谱计（AMS），还可以测量更久远的年代，所用核素可以是 ^{36}Cl（$T_{1/2}=3\times10^5$ a）、^{10}Be（$T_{1/2}=1.6\times10^6$ a）、^{129}I（$T_{1/2}=1.6\times10^7$ a）。

(5) 在测量分析中的应用

物质的密度、厚度不同将影响射线的穿透情况。根据此原理,制成下列装置,在生产中得到广泛应用。

1) 料位计

测量高温、高压、易爆、有毒、腐蚀性固体或液体的料位。优点是安全、可靠,不受外界环境条件的影响。

2) 厚度计

有反射式和透射式两种。生产线上自动控制厚度使之均匀。用于钢板轧制、造纸、塑料生产和镀层、涂层的工艺控制。

3) 密度计

用在橡胶、造纸、塑料等生产流水线上,还可用于测量和控制物质含量一类的生产活动中。原理图如图 2-11 所示(控制阀门,保证成品密度符合要求)。

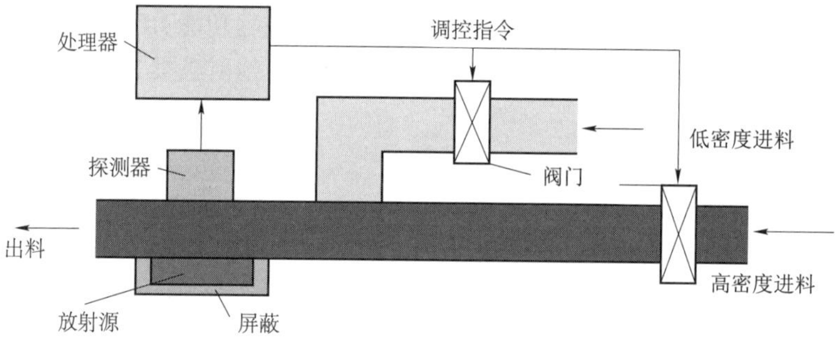

图 2-11 生产线密度自动控制原理图

4) 核子秤

把传送带上的物料,根据其密度、料位和传动速度,自动称重计量。

(6) 三废处理

原理是用射线灭菌、灭病毒、去颜色、除臭味等。在处理过程中不会形成再污染。用于废气、废水、污泥等废物处理。

4. 电离辐射对人体的影响

(1) 辐射早就存在

各种生物是在辐射环境中发生和演变,人类也是在这种环境下从猿进化成人。有一种观点认为,正是由于辐射,人类才进化到现在的水平;如果没有辐射的影响,就不能从猿进化成人。

但人类发现和认识辐射则是从 1895 年伦琴发现 X 射线开始,1896 年贝可勒尔发现了元素铀有放射性。从此人类对辐射的应用开发得到突飞猛进的发展。

(2) 辐射损伤的历史

随着辐射的发现和广泛应用,人们很快发现辐射对人体的损伤。早期的科学家由于长久接触放射性而没有重视防护先后患病乃至死亡。贝可勒尔得了皮炎,居里夫人死于白血病。给夜光表涂表盘的女工,长期用舌尖舔沾有镭粉的笔尖而接受内照射,贫血和骨癌夺去其中许多人的生命。从 20 世纪 20 年代开始,辐射防护的理论、措施和研究工作开始得到充分的重视,到今天已经积累了丰富的知识和经验,初期那样不幸的事件不会再发生了。

(3) 人体受照途径

人体接受辐射照射分为外照射和内照射两种。放射源在体外，射线对人体的照射称为外照射；把放射性物质摄入体内，形成对人体的照射称为内照射。显然，内照射的情况要比外照射严重得多。

人体摄入放射性物质的途径主要有三条：吸入、食入和伤口侵入。其中吸入又是最主要的，因为人一刻也不能停止呼吸，如果周围空气中有放射性物质（气体或气溶胶），那么就很容易被吸入。杜绝和限制内照射也必须从这三条途径上想办法。

(4) 人体排出放射性物质的途径

放射性物质被摄入体内，一是通过它们自身的衰变而减弱，因此有上面提到的“物理衰变半衰期”；另一方面，放射性物质还会通过呼出（对气体或气载放射性）和排出而减少在体内的存留，这就是“生物排出半衰期”。后者因核素和沉积器官部位的不同而不同，例如，^{131}I在甲状腺的生物半衰期是120 d，^{3}H在体液中为10 d，沉积在骨髓中的^{239}Pu却长达100 a。同样是^{32}P的生物半衰期，在细胞外体液中为2 d；在血液中为0.5 d；在软组织中为19 d；在骨内则为2 500 d。

(5) 损伤机理

辐射对人体组织造成损伤，不是由于辐射的能量所致。就是接受8 Sv的照射，每克组织也只能吸收0.07焦耳(J)的能量，体温升高不足0.002 ℃，远不足以引起任何反应。

电离辐射的生物效应之所以很大，是由于：

1) 能破坏DNA（脱氧核糖核酸）分子的结构，抑制机体的物质代谢过程；

2) 抑制ATP（三磷酸腺苷）分子的合成，影响机体的能量代谢过程；

3) 破坏细胞的膜结构，使细胞容易被侵害感染，破坏细胞的调节机能，并导致细胞死亡。

(6) 人体受照不同剂量可能发生的病理变化

人体受照不同剂量可能发生的病理变化，大致情况如表2-12所示。

表2-12　人体受照不同剂量可能发生的病理变化

剂量/Sv	病理变化
小于0.25	察觉不到病变
0.25～0.5	可逆性功能变化，可能有血象变化
0.5～1.0	功能和血象变化，但无临床症状
1.0～2.0	轻度造血型急性放射病
2.0～3.5	中度造血型急性放射病
3.5～5.5	重度造血型急性放射病
5.5～8.0	极重度造血型急性放射病

一般认为4 Sv为半致死剂量(50%死亡)；8 Sv为致死剂量（几乎全部死亡）。

(7) 随机性效应和确定性效应

一个人在其一生中受几 Sv 的照射，不会产生任何有害的损伤，但是这个人却有很小的发生癌症的危险，也可能对其后代产生某些不良的遗传效应，即会产生一些随机性效应。随机性效应有如下特点：发生该效应的概率与所受剂量的大小成正比，而严重程度与所受剂量大小无关，此效应不存在剂量阈值。

确定性效应的严重程度是与所受剂量大小有关的,剂量越高则效应的严重程度越大,通常情况下并可能有明显的剂量阈值。如白内障、皮肤的良性损伤,骨髓中白细胞的减少以及生育能力的减退等。

5. 辐射防护国家标准的部分内容

(1) 现行主要的国家辐射防护法规

GB 18871—2002《电离辐射防护与辐射源安全基本标准》2002 年 10 月 8 日由中华人民共和国国家质量监督检验检疫局发布,2003 年 4 月 1 日实施;

GB 5172—1985《粒子加速器辐射防护规定》,1985 年 5 月 10 日由国家标准局批准,1986 年 1 月 1 日实施;(正在修订)。

1989 年 11 月国务院发布《放射性同位素与射线装置放射防护条例》,等。

(2) 制定国家辐射防护法规的目的

加强管理,保障从事放射工作的人员和公众的健康与安全,保护环境,促进核科学技术、核能和其他辐射应用事业的发展。

(3) 辐射防护的目的

防止发生确定性效应,并将随机性效应的发生率降低到可以接受的水平,同时也要消除各种不必要的照射。

(4) 辐射防护的三个基本原则

1977 年国际放射防护委员会(ICRP)提出的辐射防护的三个基本原则为世界各国所接受。这三个基本原则是:

1) 实践的正当性。

指的是在进行任何有辐射的实践时,大的如建一座核电厂,小的如一项放射性同位素的应用,都要进行正当性的判断,确认获得的利益大于付出的代价。这里说的利益是全社会的利益;代价包括建设投资及日常原材料消耗,也包括辐射对社会成员健康的损害以及采取防护措施所付的费用。因而是对总的利益和总的代价的分析,是一项政策性很强的工作。

2) 防护水平的最优化。

应避免一切不必要的照射,在考虑到经济和社会因素的条件下,所有辐射照射都应保持在可合理达到的尽可能低的水平。

3) 个人剂量限制:用剂量限值对个人受的照射加以限制。

(5) 国家规定的剂量限值

1) 受照者分为两类,分别规定不同的剂量限值

即,从事辐射工作的辐射工作人员和一般公众。一般公众的剂量限值大致为辐射工作人员的 1/50～1/10。

2) 剂量限值

职业照射,对成年辐射工作人员,其基本限值为:

一般任何一年的有效剂量,$H_E \leqslant 20$ mSv/a;

对眼晶体的年当量剂量,$H_T \leqslant 150$ mSv/a;

四肢或皮肤的年当量剂量,$H_T \leqslant 500$ mSv/a。

次级限值用于内照射的情况,用年摄入量限值(ALI)表示,国家法规的附录中列出了每种放射性核素的 ALI 值。

当内、外照射同时存在时,应满足:

$$(H_E)_{外}/20\ \text{mSv}+\sum I_j/(\text{ALI})_j\leqslant 1$$

式中，I_j为 1 年中实际摄入 j 核素的量；

$(\text{ALI})_j$为 j 核素的年摄入量限值。

国家规定的剂量限值不包括天然本底照射和医疗照射，对育龄妇女、孕妇及儿童，要求更为严格，限值有所降低或要求均匀照射，不能参加事先计划的应急照射，这种照射有可能超过年剂量限值。

公众照射，有关实践关键人群组成员，限值为：

年的有效剂量，$H_E\leqslant 1$ mSv/a；

眼晶体年当量剂量，$H_T\leqslant 15$ mSv/a；

皮肤的年当量剂量，$H_T\leqslant 50$ mSv/a。

3）国家规定的剂量限值是安全的

应该指出，接受国家规定的剂量限值的照射后，对人几乎是没有什么影响的，为说明问题特提供下列数据：

1）天然本底照射每年每个社会成员的剂量大约为 2 mSv，其中外照射为 0.6 mSv；内照射为 1.34 mSv。

2）接受一次医学的 X 射线检查所受的剂量为 0.05～10 mSv。

3）世界有些地方(如巴西大西洋沿岸的瓜纳巴拉镇)岩石中含钍量较高，当地居民仅外照射每年每人就达 3.9 mSv。

4）以每年受照 5 mSv 而论，对世界人口而言，每年可能增加的致癌或遗传缺陷的概率约为万分之一。这个数字远比矿业和建筑业可造成的事故率低，只相当于政府机关或服务业的水平。

下面再提供 2 个统计表予以说明(表 2-13、表 2-14)。

表 2-13 个人所受放射性剂量的比较

有效剂量 mSv/a[1]			
天然本底	外部	宇宙射线	0.36(1.2 mSv/a，美国 Denver)
		岩石、土壤	0.41(20 mSv/a，印度、巴西)
	内部	^{40}K	0.18
		氡	1.42
合计			2.4
人为本底 (平均值)		医检、医疗	0.4(1.0，工业国家)
		核试验沉降	0.01
合计			0.41
煤电厂周围居民			0.02～0.03 mSv/a[2]
核电厂周围居民			0.000 2～0.01 mSv/a[2]

注：1）摘自 Safe Transport of Radioactive Material, Second Edition, IAEA TCS NO.1, P30；

2）摘自《核电安全与管理》，广角镜出版社，P.60。

表 2-14 生活中的其他辐照有效剂量

事件	剂量
乘飞机	0.005 mSv/h
每天看 1 h 电视	0.01 mSv/a
每天吸一包烟	0.5～1 mSv/a

6. 电离辐射的探测方法和防护原则

(1) 探测方法

电离辐射无色、无味,人的任何感觉器官都无法直接察觉它们的存在,只能用特殊的仪器——射线探测器进行监测,射线探测器的原理基于射线能使物质电离、化学或物理特性发生变化以及产生原子核反应。常用的探测器的类型有电离室、盖革—弥勒计数器、闪烁计数器、半导体探测器、热释光剂量计和荧光玻璃剂量计等。

(2) 外照射的防护原则

1) 时间防护。尽量减少放射性工作的时间,操作熟练并尽量避免在放射性场所不必要的停留。

2) 距离防护。所受剂量一般与到放射源距离的平方成反比。可以使用长柄夹具或机械化操作,尽可能保持较大的距离。

3) 屏蔽防护。在人与放射源之间加屏蔽物质是有效的防护方法。辐射在屏蔽物质中的减弱也符合指数规律,即:

$$I=I_0e^{-\mu X}$$

式中:I_0——辐射穿过屏蔽物质前($X=0$)的强度;

I——辐射穿过 X 厚的屏蔽物质后的强度;

μ——减弱系数,与射线种类、能量和屏蔽物质类型有关。

我们把强度减弱为原来的一半时,屏蔽物质的厚度称为半减弱厚度,记作 $X_{½}$,可以算得:

$$X_{½}=0.693/\mu$$

^{60}Co 的γ射线在一些物质中的半减弱厚度 $X_{1/2}$ 如表 2-15 所示。

表 2-15 ^{60}Co 的γ射线在一些物质中的半减弱厚度 $X_{1/2}$

物质	水	水泥	铁	铅
$X_{1/2}$	11.5 cm	5.6 cm	1.7 cm	1.0 cm

一般γ射线用铅或铁等重材料屏蔽;中子用含氢材料(如水、石腊、塑料等)屏蔽;β射线一般用两层屏蔽,内层用轻材料减少辐射的轫致辐射,外层用重材料防次级 X、γ 射线。

(3) 内照射的防护原则

内照射的防护原则是:通风、包容和隔离;进行分区管理以及严格遵守操作规程。

电离辐射警告标志如图 2-12 所示,有电离辐射的地方要有此标志。

图 2-12　电离辐射警告标志(黄底黑标)

六、加速器基础知识

1. 几种常见粒子加速器的基本原理

粒子加速器(particle accelerator)是用人工方法产生高速带电粒子的装置。一般是利用电场来推动带电粒子使之获得高能量,利用磁场来约束带电粒子的运行轨道。不带电、高能量的中性粒子(如中子)或γ(X)射线,可通过高能量带电粒子束打靶后产生的核反应或轫致辐射效应,间接地获得。

以下仅就几种常见加速器的基本原理和特点进行简要介绍。

1) 倍压加速器或高压倍加器(又称 Cockroft-Walton 加速器)

用倍压整流的方法产生直流高压作为加速电压。最高电压一般不超过 1 MV,经常是 500 kV 左右,多用于加速质子或氘核,也有加速电子的,利用 T(d,n)和 D(d,n)反应在此能区有很高截面的长处,高压倍加器可做成中子源,经过精心设计,最大中子产额可达 10^{12}～10^{13} n/s。高压小于 100 kV 的倍加器多用作离子注入机,加速粒子的种类视要求注入的离子而定。几十千伏的高压加速电子打 W 靶便是 X 线机,用途也很广泛。

2) 静电加速器和串列加速器

静电加速器(又称 Van de Graaff 加速器)见图 2-13,使用静电起电机产生高压,可达到几个 MV 甚至 20 MV 以上的头部高压。静电起电机是根据静电学的原理设置一个叫作头部的光滑金属球面或柱面体,当使它带上电荷时,金属导体内部电场为 0,而电荷分布于导体外部表面。如果头部对地的等效电容为 C,则头部高压由下式决定:

$$V_T=Q/C$$

式中 Q 为头部所带的总电量。可见,通过调整头部所带电量 Q 的办法可以调节头部高压。通常用传送带将电荷输送到头部,称作动带型静电起电机。现在多采用输电链或输电梯来代替输电带,有寿命长、带电均匀等优点。

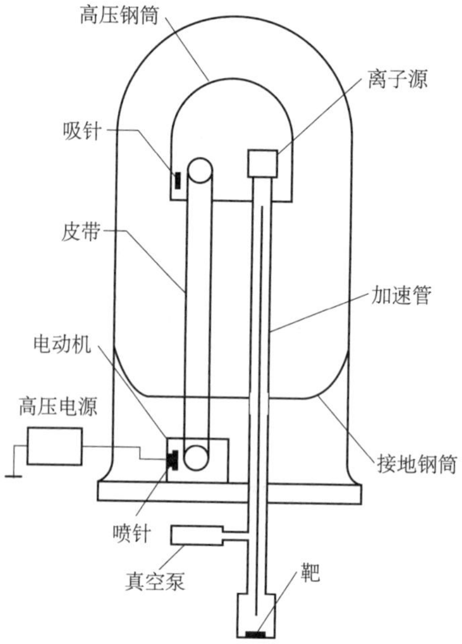

图 2-13 静电加速器原理示意图

为了提高静电加速器的头部高压,一般都将高压发生器等设备密封在大钢筒中,然后在钢筒内充以高气压的绝缘性气体。经常用的气体有 N_2、CO_2 和 SF_6 等。其中 SF_6 气体的绝缘性能最好,但价格昂贵。处在高气压下的静电加速器叫作高气压型静电加速器,与之相对应的是大气型静电加速器,后者的头部高压最高只能达到 1 MV 左右。

加速电子的叫电子静电加速器,与之相对应的叫作质子静电加速器,前者设备较后者简单些,体积也小些。

串列加速器(Tandem)实际上是把两个或多个静电加速器"串接"起来,以便更充分地发挥静电加速器的长处。

静电加速器最大的长处是其高压连续可调,被加速粒子的能量稳定性好,束流较强而且光斑亦小。但是,单级静电加速器的离子源系统必须处在高电位上,这给供电和处理故障带来很多不便。现在多为两级串列加速器,它克服了单级静电加速器的缺点,离子源处于低电位,更重要的是它可使被加速粒子的能量成倍地增长,如图 2-14 所示是两级串列加速器的示意图。

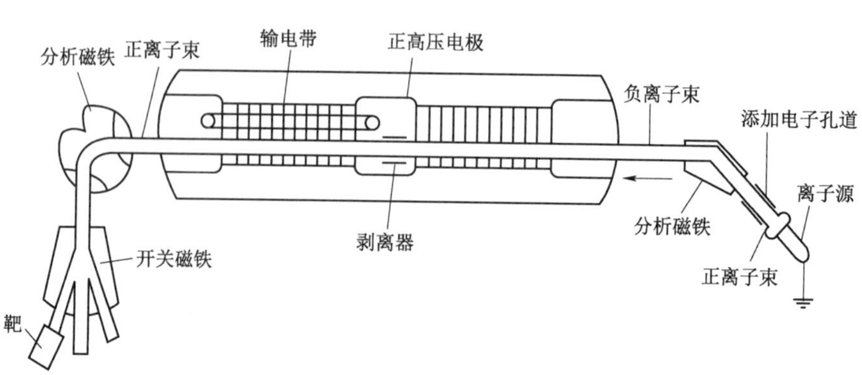

图 2-14 两级串列加速器原理示意图

串列加速器头部高压为正，故必须用负离子注入(但不能加速电子)。产生负离子的负离子源系统以及上百 kV 的预加速系统一并称为注入器。然后再注入低能端加速管进行加速。在高压头部上必须使负离子变成正离子才能继续在高能端加速管中进一步加速。

可以使用低气压的一段气体管道(如氧气)或一个很薄很薄的固体膜(例如碳箔、铝箔或塑料膜等)剥离掉被加速负离子 2 个以上的电子使其变为正离子。剥离掉电子的多少(即正离子的电荷态)与不同的原子和所带的壳层电子的多少有关。因此，有一个剥离概率的问题，至于选用哪种电荷态的粒子(加速后其能量亦不相同)可用加速后的分析磁铁来完成。加速器头部高压 V_T(MV)和被加速粒子最终能量 E(MeV)的关系可由下式决定：

$$E=E_{in}+(1+q)V_T$$

式中，E_{in}——注入器注入负离子的能量，MeV；

q——选用被加速粒子所带的电荷数(亦称电荷态)。

例如，加速 $^{12}C^{4+}$(四个正电荷)，当 V_T=12 MV 而 E_{in}=0.12 MeV 时

$$E=0.12+(1+4)\times 12=60.12\ \text{MeV}$$

即用 12 MV 的头部高压就能将 $^{12}C^{4+}$加速到 60 MeV 以上的能量。

3) 回旋加速器(Cyclotron)

用直流磁场将被加速粒子约束在圆型轨道中，而用高频电场对其进行多次加速。因此，回旋加速器是一种不用高压将粒子一次加速，而是用较低的电压进行多次加速，给予粒子以很高能量的装置。其原理示意图如图 2-15 所示。

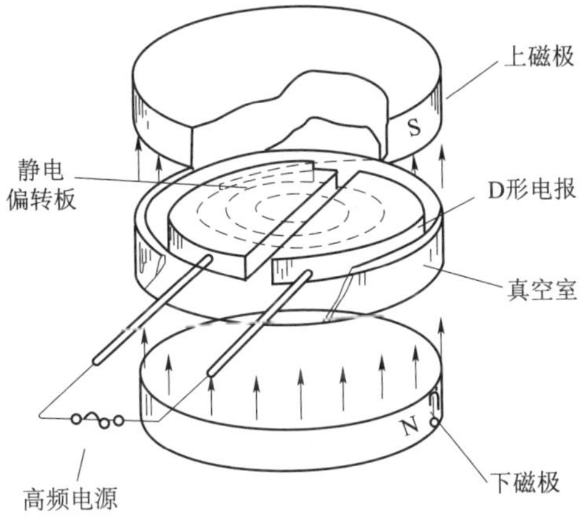

图 2-15　经典回旋加速器示意图

高频交变电压加在一种叫作 D 型盒的电极上。D 型盒一般用良导体铜做成，置于真空室中，然后一起放在直流磁场的两个磁极之间。离子源置于 D 盒的中心，从中引出的带电粒子每经过两个 D 盒之间间隙时，因受到它们之间电场的作用而得到一次加速，能量越来越高，速度越来越大，在磁场中“回旋”的半径也越来越大，因此被加速的带电粒子在 D 形盒中的轨道呈由内向外发射的螺旋线形状。如果在 D 形盒内打靶叫“内靶”，如果需要引出则加上偏转电压，可用来打“外靶”。“外靶”束流总是小于“内靶”束流。

要使加速的粒子总是得到加速，必须满足一定的“共振”条件，这个条件可以用下式表示：

$$f=Z_eB\sqrt{1-\beta^2}/(2\pi m_0)$$

式中,f——高频交流电压的频率也即被加速粒子的回旋频率;

Z_e——被加速粒子所带的电荷;

m_0——被加速粒子的静止质量;

$\beta=v/c$,此处,v——粒子的速度,c——光速;

B——直流磁感应强度(约束磁场)。

由上式可见,当f,B确定以后由于v不断变大,β也就不断变大。因此,上式只能在一定条件下得到近似满足,这就是经典的回旋加速器不能把粒子加速到很高能量的原因。要想进一步提高被加速粒子的能量可以用适当的办法调节约束磁场B或交变加速电场的频率f,这就是后来发展起来的等时性回旋加速器、稳相回旋加速器和同步加速器。

等时性回旋加速器就是设法使粒子回旋频率f保持不变,因而交变加速电场频率保持不变,而使约束磁场 B 发生变化,以使上式得到满足。有一种方案是使磁场沿方位角调变,以保证粒子束在轴向的聚焦,而平均磁场强度从中心到边缘沿半径逐渐增强,以满足等时性要求(称为托马斯型回旋加速器)。

稳相加速器中的约束磁场B保持不变,而是通过调变交变加速电压的频率f使上式得到满足,所以这种加速器又称做"调频回旋加速器",因为只有在这种加速器中,粒子运动和加速电压才真正"同步"。

同步加速器的约束磁场B是随时间改变的,以保证粒子在恒定轨道上回旋,因而可以把磁铁做成环形,免去磁铁太重的困难;加速交变电场的频率 f 也随粒子回旋频率的改变而变化,以保证谐振加速。同步加速器既能加速质子,也能加速电子。加速质子的叫作质子同步加速器或叫同步稳相加速器;加速电子的叫作电子同步加速器。目前,同步加速器可以把粒子加速到几千到几十千 MeV 的能量。

回旋加速器也可以加速负离子,有一种质子回旋加速器,负氢离子源位于约束磁铁中心上方,从中心注入回旋加速,引出时将负离子"剥离"成正离子,方便实用(如中国原子能科学研究院的 CYCIAE-30)。

超导材料的使用可以使回旋加速器的体积大大减小,也会深刻改变加速器的面貌,目前各国科学家正在这方面做深入的研究和开发工作。

4) 直线加速器

直线加速器属谐振加速型,使用高频交变电场对粒子多次加速,但不使用约束磁场,因而粒子的运动轨道是"直线"的。

初期直线加速器的结构(图 2-16)使用中空的圆筒状电极(称漂移筒)依次排列,其长度越往后越长。在电极上加上高频电压使粒子在圆筒中穿行,适当选取高频电压的频率和圆筒电极的长度,使在相邻电极的间隙中粒子总能得到加速。因粒子的速度越来越大,所以电

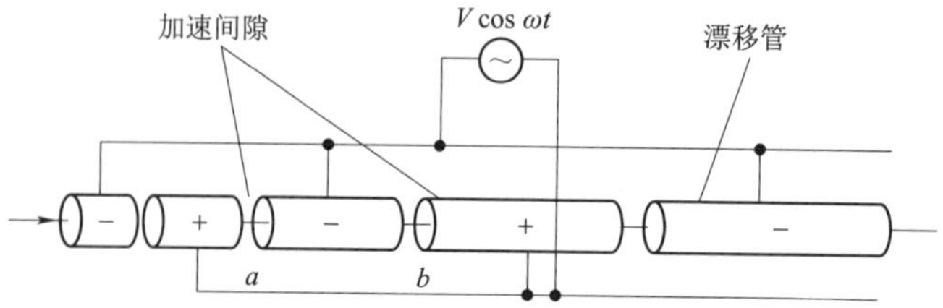

图 2-16 早期的直线加速器结构原理图

极也越往后越长。初期的直线加速器结构，由于当时高频技术不发达，电源的频率低，功率小，加速器的尺寸比较长，而粒子得到的加速能量很小，一般只能到 1～2 MeV，因而这种早期的直线加速器没有继续发展下去。

第二次世界大战后，高频技术和微波技术有了很大发展，可以提供超高频大功率。新型的直线加速器又获得飞速发展，出现了从高频波段到不同微波波段各种类型、多种用途的直线加速器。

在均匀金属波导里输入适当的微波功率，就能激励起一种称做 TM010 的电磁波。这种电磁波经过一种“慢波结构”，使其相速度减慢，它的轴向电场分量就能用来加速带电粒子。因为在均匀金属波导中，电磁波的相速度大于光速，无法和粒子同步，进行谐振加速，所以必须设法减慢电磁波的相速度。减慢相速度的设备叫“慢波结构”，目前在直线加速器中通用的慢波结构有：盘荷波导、带漂移管的谐振腔和螺旋线波导，这些慢波结构都是在均匀金属波导管中，周期地加装一些金属结构如金属盘、金属管、金属管制成的螺旋线而成的。

按照采用的电磁场型式可以把直线加速器分为两种：一种叫作驻波直线加速器，它是利用谐振腔中的驻波电磁场来加速电子；另一种叫作行波直线加速器，它是利用波导中的行波电磁场来加速粒子的，目前多用来加速电子。

在直线加速器里，带电粒子的运动轨迹是直线，因而比起回旋加速器等圆型加速器来，它有以下一些优点：粒子损失少，可以得到很强的粒子流，目前，脉冲束流可达几百 mA，脉冲电子流最大可达几十 A；粒子沿直线加速，辐射损失可忽略不计，是目前可以把电子加速到很高能量(20 GeV 以上)最合适的加速器；建造直线加速器，可以逐步加长，提高它的最终能量，灵活性较大等。

5）其他类型的加速器

应当说，加速器的类型是多种多样的，像我国目前最大的几台国产装置，如北京正负电子对撞机、合肥同步辐射装置，它们都是用直线加速电了(或正电子)到很高的能量，然后在储存环中进行“储存”和再加速，利用其同步辐射特性的叫作“同步辐射装置”，使电子束实行对头撞打靶实验的就称为“对撞机”。

目前用得较多的另两类加速器：绝缘芯变压器加速器和地那米加速器，大多用来加速电子，能量可达几 MeV，束流最大几十 mA，是辐照加工的有力工具。

绝缘芯变压器加速器，使用的变压器的磁芯由薄的塑料绝缘体分成很多节，每节都绕有次级线圈。各个次级线圈所产生的交流高压分别整流，再将整流后所得的直流电压串联起来，这样获得很高的电压，可以用来加速带电粒子。

地那米加速器(Dynamitron)又称高频高压加速器，加速电子。技术上的主要特点是以负载性能良好的并激耦合倍压线路作为高频高压发生器，产生直流高压。其束流能量一般在 2～5 MeV，功率为几十到上百 kW。高频振荡器起振后，在空心变压器上得到高频电压，频率为 120 kHz 左右，电压约 150 kV，弧型高频电极与空心变压器相连，高频耦合环与高频电极构成耦合电容，同时还起到分压环的作用。高频功率通过耦合电容分别输送到各个整流器上，经过整流后就有直流电流通过，由于各个整流器是串联起来的，这样就能产生很大的电压降，从而获得高压。原理图如图 2-17 所示。

2. 加速器的发展概况

1919 年,E.卢瑟福用天然放射源实现了第一个原子核反应,不久,人们就提出了用人造快速粒子源来变革原子核的设想。

20 世纪 20 年代中,探讨过许多加速带电粒子的方案,进行过许多试验。30 年代初,高压倍加器、回旋加速器、静电加速器相继问世。1932 年 J.D.考克洛夫特和 E.T.S.瓦耳顿用他们建造的 700 kV 高压倍加器加速质子,实现了第一个由人工加速的粒子束引起的核反应,Li(p,α)He。同年,E.O.劳伦斯等发明的回旋加速器开始运行。几年之后他们通过人工加速的 p、d 和 α 等粒子轰击靶核得到高强度的中子束,还首次制成了 Na、P、I 等医用同位素。这几位研制加速器的先驱者后来分别获得了诺贝尔物理学奖。同一期间 R.J.范德格喇夫创建了静电加速器,它的能量均匀度高,被誉为核结构研究的精密工具。

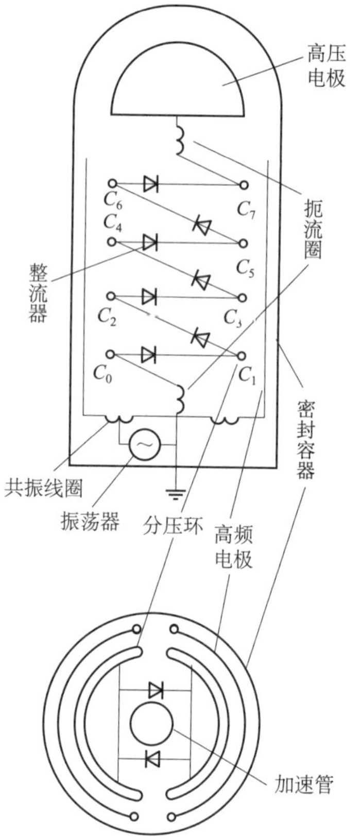

图 2-17 地那米加速器结构原理图

以后的几十年间,随着人们对微观物质世界深层结构研究的不断深入,各个科学技术领域对各种快速粒子束的需要不断增长,提出了多种新的加速原理和方法,发展了具有各种特色的加速器。

第一批粒子加速器的运行显示了人工方法产生快速粒子束的巨大优越性:不仅其强度远高于放射性元素、宇宙线等天然快速粒子源,而且粒子的品种、能量以及粒子束的方向等都可任意选择、精确调节。

1940 年 D.W.克斯特制成了利用电磁感应产生的涡旋电场加速电子到高能量的电子感应加速器;1945 年 В.И.韦克斯勒和 E.M.麦克米伦各自独立提出了谐振加速的自动稳相原理,为高能加速器的发展开辟了道路;40 年代中期在第二次世界大战期间发展起来的高频、微波技术基础上,L.W.阿耳瓦雷茨和 W.W.汉森分别制成了第一台质子驻波直线加速器和电子行波直线加速器,为直线加速器的发展奠定了基础;50 年代初 M.S.利文斯顿、E.D.库朗等提出了强聚焦加速器原理,大大缩减了加速器的尺寸,在此基础上诞生了强聚焦的高能加速器以及扇形聚焦回旋加速器;1956 年克斯特提出了通过高能粒子束间的对撞来提高有效作用能的概念,促进了高能对撞机的发展。目前,能量最高(2010 年达 7 TeV)、规模最大(其环形隧道约 27 km 长)的加速器是欧洲核子研究组织(CERN)的大型强子对撞机(LHC),它位于瑞士日内瓦附近,项目耗资 100 亿美元。

60 年代后期以来,在寻求超重核,发展重离子核物理的推动下,发展了加速重离子的技术和能力,并形成了自成一族的重离子加速器,使加速粒子的品种自初期的少数轻离子发展到元素周期表上全部天然元素的离子。

几十年来,人们应用粒子加速器发现了绝大部分新的超铀元素和合成的上千种新的人工放射性核素,并深入地系统研究原子核的基本结构及其变化规律,促使原子核物理学迅速地发展成熟起来;高能加速器的发展又使人们得以发现上百种“基本”粒子包括重子、介子、轻子和各种共振态粒子，并建立起粒子物理学这样一门新学科。

3. 加速器作为辐射源的特点

与天然放射源相比，粒子加速器具有无可比拟的优越性：

(1) 粒子种类多。不同加速器可以获得各种不同的快速粒子，从电子、质子、氘核、α 粒子到各种重离子；从稳定核素到放射性核素。

(2) 粒子的能量高，并连续可调节。

(3) 粒子束强度大，mA 级的 α 束流可抵几十万克镭的放射性强度。

(4) 可获得脉冲粒子束；粒子束的方向也可选。

(5) 安全可靠。开机时产生，停机时可断掉辐射，并可引入控制联锁等。

4. 加速器的分类

粒子加速器的分类如表 2-16 所示。

表 2-16　粒子加速器的分类表

分类方法	名称	备注
按被加速的带电粒子类型分类	电子加速器 质子加速器 重离子加速器	加速电子 加速质子、氘核等 加速重离子
按质子获得的能量分类	低能加速器 中能加速器 高能加速器	100 MeV 以下 100～1 000 MeV 1 000 MeV 以上
按粒子加速轨道分类	直线加速器 圆形加速器	
按加速高压方式分类	直接高压型加速器 谐振型加速器	
按束流强度和束流形式分类	强流加速器 直流束加速器 脉冲束加速器	

5. 加速粒子的动力学特性参量

(1) 速度和相对速度

一般加速粒子都进入了相对论能量范围(接近光速)，粒子的速度 v 往往用相对速度 β 表示，它是粒子实际速度 v 与光速 c 的比值，即：

$$\beta = v/c$$

$$c = 3\times10^8 (\mathrm{m/s})$$

(2) 质量、能量和束流功率

1) 质量

粒子在静止($\beta=0$) 时的质量 m_0 常表示为原子质量单位的倍数——质量数 A。

粒子运动时的质量为:

$$m = m_0 / \sqrt{1-\beta^2}$$

可见“运动”起来的粒子会“变重”,接近光速时会变得“很重”。

2) 能量

静止能量为:$E_0 = m_0 c^2$。

运动粒子的全能量为:$E = m c^2$。

运动粒子的动能为:$W = E - E_0$ 就是加速粒子的能量。

能量的 SI 单位是焦耳(J),加速粒子的能量通常用电子伏(eV)作单位,一个电子在电压为 1 V 的电场中获得的能量就是 1 eV。

$$1\ \mathrm{eV} = 1.6\times10^{-19}\ \mathrm{J}$$

如果认为 eV 的单位太小,可以用千电子伏(keV)或兆电子伏(MeV)。

$$1\ \mathrm{keV} = 10^3\ \mathrm{eV}$$

$$1\ \mathrm{MeV} = 10^6\ \mathrm{eV}$$

$1\ \mathrm{BeV} = 10^9\ \mathrm{eV}$ (美、法等国用)

$1\ \mathrm{GeV} = 10^9\ \mathrm{eV}$ (英、德等国用)

表 2–17 列出几种常见加速粒子的基本参数。

表 2–17 加速粒子的基本参数

粒子及其符号	电子 e	质子 p	氘核 d	氦核 α
带电荷数 Z	–1	1	1	2
质量数 A	1/1 840	1	2	4
静止质量 m_0 /u	0.000 549	1.008 13	2.014 72	4.003 887
静止能量 E_0/MeV	0.511	938	1 875	3 727

(3) 动量 P 和磁刚度 G

回旋型或环型加速器中,带电粒子在轨道磁场中作弯转运动,直线型加速器中,引出束流往往也要借助于磁场使之偏转。

带电粒子在磁场中运动时,受洛伦茨力的作用:

$$F_{洛} = Zev \times B$$

F、v、B 相互垂直。

从而使粒子运动轨道弯转,作圆周运动,磁场对运动粒子不做功。假设粒子运动的曲率半径为 ρ,则离心力为:

$$F_{心} = mv^2/\rho$$

稳定运动时,应该有 $F_{洛} = F_{心}$,便可得到动量的表示式:

$$p = mv = ZeB\rho = ZeG$$

其中,$G = B\rho = p/Ze$ 单位为 T(特斯拉)/m。称为“磁刚度”,是运动粒子动量的量度,具有“在磁场中衡量的刚度”的含义，p 越大，在同样的磁场 B 的情况下，ρ 越大，表示“刚度”越大，越不易被弯曲。

同时可见，作为用磁场偏转运动粒子的“磁分析器”，其实是“动量分析器”，只有粒子质量不变的情况下，才能作为“能量分析器”使用。而真正的“能量分析器”是用电场偏转的“静电分析器”。

6. 高压加速器基本组成机构及原理

粒子加速器装置庞大复杂，涉及机械、电气、真空等技术领域，但就其原理结构可以如下面的方块图(图 2-18)所示。以高压加速器为例，简介其组成及原理。它是利用高压电场使带电粒子受电场力作用而加速并获得能量的装置。

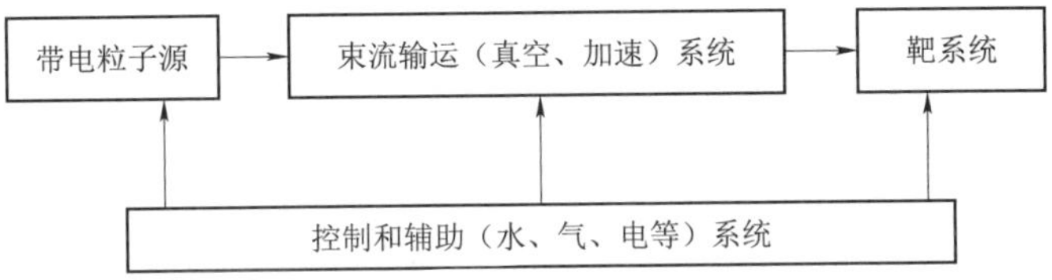

图 2-18　粒子加速器结构原理图

(a) 带电粒子源。如电子枪、离子源、极化粒子源等，用以提供所需加速的各种粒子；

(b) 束流输运系统。一个装有加速结构的真空室，如加速管、加速腔等，用以向粒子施加一定形态的加速电场，并使粒子在不受空气分子散射的条件下加速；导引、聚焦系统，包括电磁透镜、主导磁场等，应用一定形态的电磁场来引导并约束被加速的粒子束，使之沿预定轨道接受电场加速。

多数加速器还设有由若干弯转磁铁和电磁四极透镜等组成的束流输运系统，用以在源和加速器之间、加速器和靶之间，或当多个加速器串接工作时，在加速器之间输运所需的粒子束。

(c) 靶系统。各种使用被加速的带电粒子的设备装置。

(d) 控制和辅助系统。为了保证加速器的稳定运行，通常还设有电磁场的稳定控制设备，束流诊断和监测设备以及各种供电和操作设备。

(1) 加速粒子的产生和发射机构——离子源或电子枪

带电粒子源是产生带电粒子的装置。目前已发展起来各种离子源以适应各种不同的要求。用于产生电子的叫电子枪，产生其他离子的离子源又分为负离子源和正离子源，负离子源多用于串列加速器上。有专门用于产生轻离子(如质子、氘核、氦核)的离子源，也有用于产生重离子(氦核、C 离子、O 离子等)的离子源，还有能产生极化原子核的极化离子源。从产生离子的方式上又分潘宁源、高频放电离子源、双等离子源、电荷交换源以及溅射源等。

(2) 粒子运动空间——含真空室的真空系统

加速器束流输运系统包括的内容很多。为了加速带电粒子就需要电场，可以用直流高压产生电场，也可以用高频交换电磁波加速带电粒子。被加速的粒子要在真空管道中进行加速和传输，加上电压或电磁波等加速场的叫作加速管，带电粒子在加速管中被加速而获得很高的动能；用于束流传输的一般真空管道称为束流线，在束流线上一般安装有约束束流截面或使束流改变传输方向的磁铁、四极透镜、导向器、光阑等元件。

为了保证带电粒子能顺利地在电场中加速，必须保持有良好真空度的加速空间。

在正常气压下,单位体积内存在大量气体分子,阻碍加速粒子的运动,必须把真空度提高到这样的程度——使气体分子的平均自由程大于加速空间的平均尺寸,这样才能使带电粒子在加速过程中,免于和气体分子发生碰撞,加速运动得以顺利进行。

某一体腔中,气体分子自由路程长 λ,单位体积中气体分子个数 N,取决于体腔内的气温和气压(真空度)的大小。例如,在 1 m^3 体积中,当气温 20 ℃ 时,不同气压 P 下的 λ 与 N 见表 2-18。

表 2-18 不同气压 P 下的 λ 与 N 值

P/mmHg	λ/m	N/(分子数/m^3)
760(1 个大气压)	6.21×10^{-8}	2.53×10^{25}
10^{-2}	4.72×10^{-3}	3.7×10^{20}
10^{-4}	4.72×10^{-1}	3.7×10^{18}
10^{-6}	4.72×10	3.7×10^{16}

由此可见,对于一般高压加速器,其加速空间的平均尺寸以米(m)来度量,故真空度应在 10^{-5} mmHg 以上为宜。

对离子加速器,不可避免的会有气体自离子源漏入加速空间,故要求装备动态真空系统,采取连续抽气方式。

加速器真空室材料,要具有良好的真空性能(不漏气、放气,如石英、优质玻璃或陶瓷、不锈钢等);真空密封是各种专用真空封胶及真空橡皮。

(3) 粒子加速机构——高压电极、电场系统

高压发生器产生的高压直接加到加速器的高压端(头)部电极上,这样头部电极上的高电位与加速器末端地电位之间就形成高压电场,使注入的带电粒子得以加速。

通常为了提高高压而不致放电击穿,尽量防止粒子在加速过程中丢失,还需要采取设置分压电极、中间电极以及聚束透镜等措施。

设加速器头部高压为 V(伏),带电粒子所带的电荷为 Ze,则带电粒子最终获得的能量就是:

$$W=ZeV(\text{单位:eV})$$

(4) 粒子加速后的引用机构

引用机构包括内靶或外靶室,以及粒子束流偏转引出所必需的静电分析器(偏转器)或磁分析器(偏转器)。

(5) 束流测量及反馈控制系统

测量束流强度、束斑大小和位置的装置有法拉第筒、缝隙仪、荧光屏和束流剖面仪(BPM)等;接收粒子束流的靶设备或实验装置,一般要求对"地"绝缘,这样只要在装置上连接上量程合适的直流电流表,就可测量束流强度;很微弱的束流可用计数器测粒子计数;脉冲束可连接合适的示波器等设备进行测量。

从人员、设备安全和加速器的性能使用考虑,加速器的反馈控制系统应包括能量(电压)稳定系统、各种安全联锁系统和监测系统等。

七、常用检测仪表的使用

1. 电流表与电压表

(1) 电流表：用来测量电路中电流大小的仪表叫电流表。具体又分为测量直流电流的直流电流表和测量交流电流的交流电流表。使用时，电流表必须串联在被测电路中，并且要求电流表的内阻尽可能小。使用直流电流表时，还应注意极性的选择，电流要从“+”接线柱入，从“-”接线柱出，否则指针反转，容易损坏仪表。常用的直流电流表是磁电系电流表，规格型号如 1C2—A；交流电流表是电磁系电流表，规格型号如 1T1—A。

(2) 电压表：用来测量电路中两点间电压的仪表叫电压表。具体也分直流电压表和交流电压表。使用时，必须让电压表与被测电压两端并联，并且要求电压表的内阻尽可能大。使用直流电压表时，还应注意极性的选择，“+”，“-”接线柱不能接反，否则指针反转，容易损坏仪表。常用的直流电压表是磁电系电压表，规格型号如 1C1—V；交流电压表是电磁系电压表，规格型号如 1T1—V。

2. 万用表

(1) 用途

万用表又叫多用表、三用表、复用表，是一种多功能、多量程的测量仪表，一般万用表可测量直流电流、直流电压、交流电压、电阻和音频电平等，有的还可以测交流电流、电容量、电感量及半导体的一些参数(如 β)。

(2) 结构

万用表一般都是由表头(磁电系测量机构)，测量线路和功能与量程选择开关组成。有指针式和数字式之分。

附：指针万用表与数字万用表的比较

指针万用表是一种平均值式仪表，它具有直观、形象的读数指示。一般读数值与指针摆动角度密切相关，所以很直观。数字万用表是瞬时取样式仪表。它采用 0.3 s 取样一次来显示测量结果，有时每次取样结果只是十分相近，并不完全相同，这对于读取结果就不如指针式方便。

指针式万用表一般内部没有放大器，所以内阻较小，比如 MF-10 型，直流电压灵敏度为 100 kΩ/V。MF-500 型的直流电压灵敏度为 20 kΩ/V。数字式万用表由于内部采用了运放电路，内阻可以做得很大，往往在 1 MΩ 或更大。(即可以得到更高的灵敏度)。这使得对被测电路的影响可以更小，测量精度较高。

指针式万用表由于内阻较小，且多采用分立元件构成分流分压电路。所以频率特性是不均匀的(相对数字式来说)，而指针式万用表的频率特性相对好一点。

指针式万用表内部结构简单，所以成本较低，功能较少，维护简单，对过流过压的适应能力较强。数字式万用表内部采用了多种振荡，放大、分频保护等电路，所以功能较多。比如可以测量温度、频率(在一个较低的范围)、电容、电感，做信号发生器等。 数字式万用表由于内部结构多用集成电路所以过载能力较差(不过现在有些已能自动换挡，自动保护等，但使用较复杂)，损坏后一般也不易修复。数字式万用表输出电压较低(通常不超过 1 V)，不便测试一些电压特性特殊的元件(如可控硅、发光二极管等)。

指针式万用表输出电压较高，(有 10.5 V、12 V 等)。电流也大(如 MF-500*1 欧挡，最大有

100 mA 左右)可以方便地测试可控硅、发光二极管等。对于初学者应当使用指针式万用表,对于非初学者应当使用两种仪表。

(3) 使用方法

1) 指针式万用表

① 熟悉表盘上各符号的意义及各个旋钮和选择开关的主要作用。

② 进行机械调零。

③ 根据被测量的种类及大小,选择转换开关挡位及量程,找出对应的刻度线。

④ 选择表笔插孔的位置。

⑤ 测量电压:测量电压(或电流)时要选择好量程,如果用小量程去测量大电压,则会有烧表的危险;如果用大量程去测量小电压,那么指针偏转太小,无法读数。量程的选择应尽量使指针偏转到满刻度的 2/3 左右。如果事先不清楚被测电压的大小时,应先选择最高量程挡,然后逐渐减小到合适的量程。

a. 交流电压的测量:将万用表的一个转换开关置于交、直流电压挡,另一个转换开关置于交流电压的合适量程上,万用表两表笔和被测电路或负载并联即可。

b. 直流电压的测量:将万用表的一个转换开关置于交、直流电压挡,另一个转换开关置于直流电压的合适量程上,且“+”表笔(红表笔)接到高电位处,“-”表笔(黑表笔)接到低电位处,即让电流从“+”表笔流入,从“-”表笔流出。若表笔接反,表头指针会反方向偏转,容易撞弯指针。

⑥ 测量电流:测量直流电流时,将万用表的一个转换开关置于直流电流挡,另一个转换开关置于 50 μA 到 500 mA 的合适量程上,电流的量程选择和读数方法与电压一样。测量时必须先断开电路,然后按照电流从“+”到“-”的方向,将万用表串联到被测电路中,即电流从红表笔流入,从黑表笔流出。如果误将万用表与负载并联,则因表头的内阻很小,会造成短路烧毁仪表。其读数方法如下:

$$实际值 = 指示值 \times 量程/满偏$$

⑦ 测量电阻:用万用表测量电阻时,应按下列方法:

a. 机械调零。在使用之前,应该先调节指针定位螺丝使电流示数为零,避免不必要的误差。

b. 选择合适的倍率挡。万用表欧姆挡的刻度线是不均匀的,所以倍率挡的选择应使指针停留在刻度线较稀的部分为宜,且指针越接近刻度尺的中间,读数越准确。一般情况下,应使指针指在刻度尺的 1/3～2/3。

c. 欧姆调零。测量电阻之前,应将 2 个表笔短接,同时调节“欧姆(电气)调零旋钮”,使指针刚好指在欧姆刻度线右边的零位。如果指针不能调到零位,说明电池电压不足或仪表内部有问题。并且每换一次倍率挡,都要再次进行欧姆调零,以保证测量准确。

d. 读数:表头的读数乘以倍率,就是所测电阻的电阻值。

⑧ 注意事项

a. 在测电流、电压时,不能带电换量程。

b. 选择量程时,要先选大的,后选小的,尽量使被测值接近于量程。

c. 测电阻时,不能带电测量。因为测量电阻时,万用表由内部电池供电,如果带电测量则相当于接入一个额外的电源,可能损坏表头。

d. 用毕,应使转换开关在交流电压最大挡位或空挡上。

e. 注意在欧姆表改换量程时，需要进行欧姆调零，无需机械调零。

2) 数字万用表

现在，数字式测量仪表已成为主流，有取代模拟式仪表的趋势。与模拟式仪表相比，数字式仪表灵敏度高，准确度高，显示清晰，过载能力强，便于携带，使用更简单。下面以VC9802型数字万用表为例，简单介绍其使用方法和注意事项。

使用方法：

① 使用前，应认真阅读有关的使用说明书，熟悉电源开关、量程开关、插孔、特殊插口的作用。

② 将电源开关置于ON位置。

③ 交直流电压的测量：根据需要将量程开关拨至DCV(直流)或ACV(交流)的合适量程，红表笔插入V/Ω孔，黑表笔插入COM孔，并将表笔与被测线路并联，读数即显示。

④ 交直流电流的测量：将量程开关拨至DCA(直流)或ACA(交流)的合适量程，红表笔插入mA孔(<200 mA时)或10 A孔(>200 mA时)，黑表笔插入COM孔，并将万用表串联在被测电路中即可。测量直流量时，数字万用表能自动显示极性。

⑤ 电阻的测量：将量程开关拨至Ω的合适量程，红表笔插入V/Ω孔，黑表笔插入COM孔。如果被测电阻值超出所选择量程的最大值，万用表将显示“1”，这时应选择更高的量程。测量电阻时，红表笔为正极，黑表笔为负极，这与指针式万用表正好相反。因此，测量晶体管、电解电容器等有极性的元器件时，必须注意表笔的极性。

使用注意事项：

① 如果无法预先估计被测电压或电流的大小，则应先拨至最高量程挡测量一次，再视情况逐渐把量程减小到合适位置。测量完毕，应将量程开关拨到最高电压挡，并关闭电源。

② 满量程时，仪表仅在最高位显示数字“1”，其他位均消失，这时应选择更高的量程。

③ 测量电压时，应将数字万用表与被测电路并联。测电流时应与被测电路串联，测直流量时不必考虑正、负极性。

④ 当误用交流电压挡去测量直流电压，或者误用直流电压挡去测量交流电压时，显示屏将显示“000”，或低位上的数字出现跳动。

⑤ 禁止在测量高电压(220 V以上)或大电流(0.5 A以上)时换量程，以防止产生电弧，烧毁开关触点。

⑥ 当显示“ ”、“BATT”或“LOW-BAT”时，表示电池电压低于工作电压。

3. 兆欧表

(1) 用途

摇表又称兆欧表，是用来测量电气设备的绝缘电阻的便携式仪表。

(2) 结构

由磁电系比率表、高压直流电源(手摇发电机或晶体管直流变换器)和测量电路等组成。高压电源在测量时间向仪表与被测绝缘电阻提供测量用直流高电压，一般有500 V、1 500 V、2 500 V、5 000 V几种。使用时要求与被测电气设备的工作电压相适应。

对外有三个接线柱(即L：线路端、E：接地端、G：保护环)。

(3) 使用注意事项

1) 禁止在雷电时或高压设备附近测绝缘电阻，只能在设备不带电，也没有感应电的情况下测量。

2）摇测过程中,被测设备上不能有人工作。

3）摇表线不能绞在一起,要分开。

4）摇表未停止转动之前或被测设备未放电之前,严禁用手触及。拆线时,也不要触及引线的金属部分。

5）测量结束时,对于大电容设备要放电。

6）要定期校验其准确度。

4. 转速表

转速表是机械行业必备的仪器之一,用来测定电机的转速、线速度或频率。常用的有离心式转速表和数字式转速表。

使用时应注意:

(1) 选择合适的量限。

(2) 选择合适的连接件。根据被测旋转物的具体情况,选择合适的连接件(如橡皮接头等),并让转速表测试轴与被测轴中心在同一中心线上,且保持一定的压力。

(3) 使用前,转速表应加润滑油(钟表油),可由外壳和测速盘的油孔注入。

(4) 数字式转速表中的电池应保持电压充足,显示屏不得长期受到紫外线照射,以免加速其老化。

(5) 测量线速度时,应使用转轮测试头,测得的读数按下式进行换算:

$$线速度 = 测轮周长 \times 转速表读数。$$

5. 水平仪

水平仪用于测量小角度,在生产过程中常用以检验和调整机器或机件的水平位置或垂直位置,进而可对机器或机件作真直度或真平度的检验工作。

目前在工业界常用气泡水平仪或电子水平仪两种,后者更可借着 RS-232 适配卡与个人计算机极为方便地联机。

(1) 气泡水平仪(Sprit levels)

气泡水平仪是检验机器安装面或平板是否水平及测知倾斜方向与角度大小的测量仪器,其外形系用高级钢料制造架座,经精密加工后,其架座底座必须平整,座面中央装有纵长圆曲形状的玻璃管,也有在左端附加横向小型水平玻璃管,管内充满醚或酒精,并留有一个小气泡,它在管中永远位于最高点。玻璃筒上在气泡两端均有刻度分划。通常,工厂安装机器时,常用气泡水平仪的灵敏度为 0.01 mm/m、0.02 mm/m、0.04 mm/m、0.05 mm/m、0.1 mm/m、0.3 mm/m 和 0.4 mm/m 等规格,即是将水平仪置于 1 m 长的直规或平板之上,当其中一个端点有灵敏度指示大小的差异时,如灵敏度为 0.01 mm/m,即是表示直规或平板的两端点有 0.01 mm 的高低差异(相当于两端点相差 2 s)。气泡水平仪的原理是利用气泡在玻璃管内,气泡可经常保持在最高位置的特性。

对于一定的倾斜角,而欲使气泡的移动量大(即所谓灵敏度良好),增大圆弧半径(R)即可。若水平仪每刻度距离为 2 mm 和灵敏度为 0.01 mm/m 时,相当于 1 m 的两端点相差 2 s。即是气泡管半径为 206.185 m,装置在框架内,不同灵敏度即有不同半径,而与框架长短并无直接关系。

使用水平仪应先行检查,即将水平仪放在平板上,读取气泡的刻度大小,然后将水平仪反转置于同一位置，再读取其刻度大小，若读数相同，即表示水平仪底座与气泡管相互间的关系是正确的。否则，需用微调螺丝调整直到读数完全相同，才可作测量工作。若想检查水平仪精度，可用正弦杆和量块组成的已知角度大小。同时，欲测量较大倾斜角也可配合正弦杆与水平仪共同使用。

新式的水平仪作为传统水泡式倾角的替代品，现在更多地应用在道路工程、机械测量、建筑工程、工业平台、石油勘测、军工、船舶以及其他需要重力参考系下的倾角或者水平的情况。

(2) 电子水平仪

电子式水平仪，它用来测量高精度的工具机，如NC车床、铣床、切削加工机、三次元量床等床面，其灵敏度非常高，若以测量时可左右偏移 25 刻度计算，测量工件只要在一定的倾斜范围内均可测量。

电子水平仪的主要原理有电感式和电容式两种。根据测量方向不同还可分为一维和二维电子水平仪。

电感式原理：当水平仪的基座因待测工件倾斜而倾斜时，其内部摆锤因移动所造成感应线圈的电压变化。电容式原理：为一个圆形摆锤自由悬挂在细线上，摆锤受地心重力所影响，且悬浮于无摩擦状况。摆锤的两边均设有电极且间隙相同时电容量是相等的，若水平仪受待测工件所影响而造成两间隙距离改变即产生电容不同，形成角度的差异。

第二节　安全文明生产与环境保护知识

学习目标：通过学习安全文明生产与环境保护知识，牢固树立安全文明生产与环境保护意识。

一、粒子加速器辐射防护的特点和要求

1. 粒子加速器产生辐射的特点

粒子加速器产生的辐射场可分为瞬发场和剩余场两种；瞬发场又包括初级辐射场和次级辐射场。

由被加速粒子直接产生。一般情况，被加速粒子位于真空管道内不能穿透出来，因此对人体不构成辐射危害；但是它们一旦从真空区引出来，例如工业上直接用电子束辐照材料时，也会对人体造成严重的辐射危害。

次级辐射场是由被加速粒子与靶物质相互作用产生的。其中的 X-γ 和中子属于“贯穿辐射”，能穿透真空管道壁，是工作场所辐射场的主要成分，可以对人体造成辐射危害。

次级辐射场的特点是：辐射随开机出束而产生，停机后便消失；辐射场随粒子能量和束流强度的增加而增大；并且与被加速粒子的种类有关：一般加速轻粒子时辐射强，加速重粒子时辐射弱；某些辐射还具有明显的角分布等。

剩余场是物质被活化产生的感生放射性，它的特点就是加速器停机后依然存在，不过由于加速器活化产物的寿命一般都比较短，因此，随着停机时间的延长，辐射场强度会渐渐变小。物质被活化的严重程度与粒子能量和束流强度有关，与被轰击的材料也有关，凡是严重阻挡束流的元件，如光阑、狭缝、法拉第筒、剥离膜等都可能被活化。

2. 粒子加速器的辐射防护要求

(1) 加速器运行时外照射的防护

各类加速器对人产生的主要是外照射危害,因此外照射的防护就显得特别重要。由于加速器一般都要安装在具有安全屏蔽设施的大厅内,屏蔽材料的选择和屏蔽墙厚度的确定都应很好地考虑。屏蔽设计应遵循以下原则:

1) 一台加速器在运行中被加速粒子的种类、能量、束流强度可能是变化的,所使用的靶材料也可能是多种多样的,因而辐射发射率是变化的。为了确保辐射安全,在屏蔽设计中必须选取不同组合,以最大辐射发射率为准进行设计。

2) 在很多情况下,设计要留有余地,便于设备性能的进一步提高。例如,提高能量,增加流强或加接设备等。

3) 屏蔽体的厚度应根据相邻区域的类型和该区域的人口数确定,使其集体剂量当量保持在可以实现的最低水平。并应保证区域内的个人所接受的剂量当量低于国家规定。

4) 在计算屏蔽厚度时,需给予 2 倍的安全系数。

在选择屏蔽材料时应考虑如下因素:

① 所需材料的厚度及重量以及其经济性。

② 材料的多用性。最好既做屏蔽又做结构材料;既能屏蔽中子又能屏蔽γ射线。

③ 屏蔽的永久性和坚固性。

④ 材料在受到连续照射时,应不易产生感生放射性。

根据以上设计原则,一般认为钢筋混凝土浇筑的屏蔽结构最适于加速器的屏蔽防护。加速器的主厅及实验厅基本上是用这种屏蔽结构建成的。当然,防护墙的厚度一定要符合国家的规定。同时还应注意防护门、迷宫门、屋顶厚度、安装洞、电缆沟的性能,严防泄漏辐射和散射造成危害。

除了厂房建筑用混凝土做防护材料外,在厂房内对辐射场强的部位进行屏蔽也是必要的,这可根据需要选用活动式或固定式屏蔽,用得较多的屏蔽 X–γ和中子的设备有铅屏风、铅砖、铅板、铁砖、各种形状的石蜡块等。

(2) 加速器运行中的辐射安全

加速器不仅有屏蔽防护设施,而且还必须有运行中的辐射安全系统。它包括联锁装置、报警装置、辐射监测体系以及必要的操作规章制度等。

1) 联锁装置。在进入靶厅、加速器主厅的所有入口处的门上都要安装联锁装置。其线路应并入束流、高压或高频产生的控制线路中,通过控制台进行控制。人员进入时必须使加速器停止产生辐射。当大厅的门没有关到合适位置时,辐射就不可能产生。这样就从技术上防止了人员受到超剂量照射的可能性。不允许用联锁开关作为常规关、停止加速器的方法。

在有些情况下,为了方便人们的工作,联锁装置一般都能人为旁路掉。不过,一般情况下是不容许旁路联锁装置的,确因工作需要旁路时,必须按照规定执行审批手续,同意后方可执行,在控制台上给出“旁路”显示,并在“运行日记”中记载,还要时刻注意辐射监测。

在加速器大厅和靶厅还要安装紧急断束或紧急停机按钮,以防被关在这些区域的人员在运行人员接通束流时能关、停加速器,防止事故辐照的发生。

2) 警告装置。在加速器厅和靶厅要安装红色旋转灯(或闪光灯)和听觉报警装置。在这些区域的门关闭后至束流接通前的一段时间,这些装置发出警告信号。警告信号应能持续足够的时间,以便人员在可能产生辐射之前有适当的时间到达紧急按钮开关或能安全撤离。在小型加速器上也可以用有线广播系统代替上述装置。

在控制台上、辐射区门口和通往辐射区的走廊上应安装工作状态指示灯，以告知人们机器所处的状态。在加速器运行期间，指示灯应给出可靠的信号。

对联锁装置和报警装置，必须进行定期检查，确保功能正常。

3）辐射监测装置。辐射监测装置是加速器辐射防护设计的组成部分。在高辐射区、靶厅或辐射水平可能随加速器的运行水平而增加的其他区域，应安装固定的辐射监测装置。监测仪器应该是连续工作的，而且在控制台上和就地都能给出显示。如果区域内的辐射超过了预定水平，应自动给出视觉或听觉的警报信号。

除了上述区域内安装固定监测装置外，还应根据加速器的具体特点配备其他相应的辐射监测装置或仪器。

4）加速器的安全运行。加速器正在运行期间，运行人员要保管好开关钥匙，精心管理决定加速器产生辐射的主要控制系统，以免有人随意调节加速器的运行参数。在加速器停机期间应该锁好开关。以防有人随意开启加速器。

任何一台加速器，必须制定出具体的开机和停机的操作规程和剂量防护规程，并将规程放在控制室内或将要点张贴在控制台上，任何时候都不能允许违章操作。

准备开机时必须进行仔细的检查，下列条件同时满足时方能开机：

① 加速粒子的种类、加速电压与预定值一致；

② 控制台各仪表显示在正常范围内；

③ 联锁和警告装置能正常工作；

④ 加速器厅、有关靶厅确实无人；

⑤ 所有防护门均已关闭。

虽然准备开机时要使用视察和听觉警告装置，但为了安全起见，还应该到现场进行检查后，方能执行开机程序。目前已有许多单位安装了工业电视系统，这对保证安全运行以及调机都提供了有利条件。

二、工业安全要求

对粒子加速器而言，其安全要求依其规模大小、繁简程度、用途不同而有所差别，不过大致的内容有其共性。安全重点自然第一是人员，次之是设备，要求保证他（它）们免受损害，涉及辐射防护，突然停水、停电，真空破坏等方面。

例如，电气安全与触电急救包括以下内容：

（1）安全技术措施与组织措施

1）停电检修应注意的事项。

① 部分设备停电检修，停有关部分的电源，并挂“禁止合闸送电”“有人工作，禁止通电”等标志牌；

② 检修前验电，对容量较大的电容器设备，电容器要先行放电，证明确实无电时再工作。

2）低压带电工作注意的事项。

① 工作中应有人监护，使用的工具必须带绝缘柄；

② 应该站在干燥的绝缘物上面工作，并戴橡皮手套和安全帽，必须穿长袖衣服；

③ 在带电的低压配电装置上工作，防止相间短路事故的发生以及单相接地事故的发生，必须采取相应安全措施。

(2) 触电急救

发现有人触电应立即抢救。首先,使触电者脱离电源,然后,根据触电情况实施紧急抢救。

1) 脱离电源的方法:

① 断开与触电者有关的电源开头;

② 用相应的绝缘物使触电者脱离电源;

③ 注意:防止触电者脱离电源时摔伤。

2) 急救方法:

如触电者呼吸停止,心脏不跳动,但没有其他致命外伤,只能认为是假死,必须立即抢救。争取时间是关键,时间就是生命,在等医生前来和送医院的途中,不能间断抢救。抢救以人工呼吸法和心脏按压法为主。

三、安全生产与劳动保护知识

1. 现代安全管理

现代安全管理以消除人的不安全行为和物的不安全状态为中心,其重要特征是强调以人为核心的安全管理,把安全管理的重点放在激励职工的士气和发挥其能动作用方面。把保障职工生命安全当作预防事故的首要任务,充分调动每个职工的主观能动性和创造性,让职工人人参与安全管理。同时,现代安全管理十分注重企业领导者在安全管理中的决定性作用,要求领导者认真贯彻执行"安全第一,预防为主"的方针,建立以"一把手"负责制为核心的安全生产责任制。现代安全管理体现了系统安全的基本思想,以危险源辨识、控制和评价为管理工作的基本任务。企业要不断改善劳动生产条件、控制危险源、提高企业安全生产水平。从企业全局考虑,把管理重点放在危险源控制的整体效应上,实行全员、全过程、全方位的安全管理,使企业达到最佳安全状态。

2. 安全人机工程

"安全人机工程学,是以人的生理特性、心理特性和机械运动与环境变化的本质特征为基础,从系统安全分析和预防事故及职业病的观点出发研究人与机械(及环境)系统合理关系的科学知识体系。"中心问题是从系统安全、预防事故及职业病的观点来研究和解决人与机械(环境)系统的合理关系。在解决合理关系时,从两个方面考虑,即一方面要使机械与环境适合人的特性,另一方面要使人所具备的素质和能力适应工作、机械与环境的要求。

3. 安全色的含义

安全色标是特定的表达安全信息含义的颜色和标志。它以形象而醒目的信息语言向人们提供表达禁止、警告、指示、提示等安全信息。

我国《安全色》国家标准中采用了红、蓝、黄、绿四种颜色为安全色。这四种颜色有如下的特性。

红色:表示危险、禁止和紧急停止的信号。

蓝色;为指令标志的颜色,指令必须遵守。

黄色:为警告注意色。

绿色:提示安全状态信息。

但必须注意,安全色本身与安全标志一样,不能消除任何危险,也不能代替防范事故的其他措施。在涂有安全色的部件,应经常保持清洁,如有变色、褪色等不符合安全色的颜色管理规定时,应及时重涂,以保证安全色的正确、醒目。半年至一年应检查一次。

4. 粒子加速器辐射场所的区域等级的划分

在辐射调查的基础上,根据辐射情况划分不同区域。

(1) 可停留区。此区存在的辐射水平很低,小于居民年限值,可向广大公众开放。

(2) 放射性职业人员工作区。此区辐射水平在工作人员年限值以下,工作人员可以不加限制地进入。

(3) 限制区。此区辐射水平较高,为了工作需要去工作,可以采取限制时间和地点的办法。

对不同的区域应设明显的标志。对存在感生放射性,辐射场又比较大的地方,应挂上放射性危险的标志。

5. 安全防护用品

一般包括:

(1) 头部防护用品。

(2) 呼吸器官防护用品。

(3) 眼面部防护用品。

(4) 听觉器官防护用品。

(5) 手部防护用品。

(6) 足部防护用品。

(7) 躯干防护用品。

(8) 护肤用品。

(9) 防坠落用品。

6. 职业性损伤

主要包括:

(1) 外伤。

(2) 职业病。

(3) 与职业有关的疾病。

7. 工伤赔偿

工伤赔偿费主要包括四个方面的内容:工伤医疗费、医疗期间的生活费、伤残补助费和伤残后康复费用。

四、环境保护知识

1. 环境保护及其内容

环境保护,是指人类有意识地保护自然资源并使其得到合理的利用,防止自然环境受到污染和破坏;对受到污染和破坏的环境做好综合治理,以创造出适合于人类生活、工作的环境。环境保护,是指人类为解决现实的或潜在的环境问题,协调人类与环境的关系,保障经济社会的持续发展而采取的各种行动的总称。其方法和手段有工程技术的、行政管理的,也有法律的、经济的、宣传教育的等。

其内容主要有:

(1) 防治由生产和生活活动引起的环境污染,包括防治工业生产排放的“三废”(废水、废气、废渣)、粉尘、放射性物质以及产生的噪声、振动、恶臭和电磁微波辐射,交通运输活动产生的有害气体、液体、噪声,海上船舶运输排出的污染物,工农业生产和人民生活使用的有毒有害化学品,城镇生活排放的烟尘、污水和垃圾等造成的污染。

(2) 防止由建设和开发活动引起的环境破坏,包括防止由大型水利工程、铁路、公路干线、大型港口码头、机场和大型工业项目等工程建设对环境造成的污染和破坏,农垦和围湖造田活动、海上油田、海岸带和沼泽地的开发、森林和矿产资源的开发对环境的破坏和影响,新工业区、新城镇的设置和建设等对环境的破坏、污染和影响。

(3) 保护有特殊价值的自然环境,包括对珍稀物种及其生活环境、特殊的自然发展史遗迹、地质现象、地貌景观等提供有效的保护。另外,城乡规划,控制水土流失和沙漠化、植树造林、控制人口的增长和分布、合理配置生产力等,也都属于环境保护的内容。

环境保护已成为当今世界各国政府和人民的共同行动和主要任务之一。我国则把环境保护宣布为我国的一项基本国策,并制定和颁布了一系列环境保护的法律、法规,以保证这一基本国策的贯彻执行。

2. 环境评价和环境影响评价

环境评价,是指对拟议中人类的重要决策和开发建设活动,可能对环境产生的物理性、化学性或生物性的作用及其造成的环境变化和对人类健康和福利的可能影响,进行系统的分析和评估,并提出减少这些影响的对策措施。

环境影响评价,广义指对拟议中的人为活动(包括建设项目、资源开发、区域开发、政策、立法、法规等)可能造成的环境影响(包括环境污染和生态破坏,也包括对环境的有利影响)进行分析、论证的全过程,并在此基础上提出采取的防治措施和对策。狭义指对拟议中的建设项目在兴建前即可行性研究阶段,对其选址、设计、施工等过程,特别是运营和生产阶段可能带来的环境影响进行预测和分析,提出相应的防治措施,为项目选址、设计及建成投产后的环境管理提供科学依据。

对拟议中的建设规划必须进行环境影响评价,由有资质的机构写出相关报告书,否则审批机关不予审批;对建设项目,根据其对环境的影响程度,环境影响评价实行分类管理,也需编制环境影响报告书、环境影响报告表或者填报环境影响登记表。

3. 可持续的发展

它是指满足当前需要而又不削弱子孙后代满足其需要之能力的发展。可持续发展的核心是发展。可持续发展的重要标志是资源的永续利用和良好的生态环境。可持续发展要求既要考虑当前发展的需要,又要考虑未来发展的需要。

4. 加速器的环境保护和放射性废物管理

(1) 对三废的治理和排放应遵照国家有关法规,并做好环境保护工作。

(2) 按照合理、可行、尽可能低的原则,采取措施,使得“三废”产生量最小化,并尽可能不向环境排放或减少排放放射性物质。

(3) 根据放射性“三废”产生的情况,建立相应的放射性废水、废物的储存场所或处理设施。

(4) 放射性废物要按其半衰期长短及可否焚烧进行分类处理。焚烧放射性废物(如废真空泵油)时,应有专门的焚烧炉。

(5) 使用含氚量较高的氚靶或产生气载放射性水平较高的加速器,前级泵的排出口或通风系统应采取净化过滤措施。

(6) 建立环境辐射监测,及时掌握加速器设施对环境的危害情况,每年应做 1 次调查或评价,特殊情况下应及时进行环境监测和评价。

五、消防安全知识

1. 预防为主、防消结合

消防工作贯彻预防为主、防消结合的方针,实行消防安全责任制,建立健全社会化的消防工作网络。

任何单位和个人都有维护消防安全、保护消防设施、预防火灾、报告火警的义务。任何单位和成年人都有参加有组织的灭火工作的义务。

消防工作包括两个方面:一是火灾的预防;二是灭火。

2. 粒子加速器防火安全注意事项

(1) 厂房内各部位所设的消防栓不准动用。

(2) 厂房内及各工艺房间所存放的各类灭火器材不准动用和移位。

(3) 各类易燃、易爆等化学药品,用完后放回指定存放地点。

(4) 对易燃物品如废旧纸、油棉纱头、废旧木头等要及时处理掉。

(5) 重要部位和实验室工艺间绝对禁止吸烟、明火。

(6) 用易燃化学药品工作严禁明火、吸烟。

(7) 电气设备近旁禁止堆放易燃物品,如纸张、废旧物品。

(8) 各通道禁止堆放各类物品,影响通行。

(9) 各种电气设备要定期巡视。检查有无过载,发热、冒烟;特别对大电流接线头,要防止因接触不良而烧坏起火。

(10) 电气设备起火,严禁用水灭火。应立即切断电源,使用不导电的灭火器材灭火。

附:两种灭火器的性能和使用方法

1) 干粉灭火机

① 适用范围:能扑灭油类,易燃液体和电气的初起火灾。

② 特点:适用范围广,效率高,灭火快,无毒无腐蚀性。

③ 使用方法:离火场 3~4 m 远时,提起本机握紧喷枪,对准起火处拉起提环即可。

2) 1211 灭火机

① 适用范围:可燃液体,可燃气体,电气火灾,一般物质初起火灾。

② 特点:使用方便,灭火效率高,毒性低,绝缘性能好,对金属无腐蚀,灭火后不污染等。

③ 使用方法:提起本机握紧喷枪,对准起火处拉起提环,即可灭火。

(11) 记住公共及本单位火警电话,发生火灾及时报警。

六、用电安全知识

1. 怎样安全用电

在电气施工和使用过程中,电工和使用人员接触电气装置和设备,往往由于工作疏忽大意,操作技术不熟练或者没有遵守操作规程和安全技术规程,而造成安全事故。为了防止触电事故的发生,必须采取防护措施。

(1) 防止触电

应经常进行有关用电安全常识教育,建立必要的制度,防止发生事故。使用各种电气设备时,应严格遵守使用规程。正确安装电气设备,加装保护接地装置,带电部分应当有防护罩或者放在不易接触之处或采用联锁装置。各种电气设备应定期检查,如发现电线绝缘有破坏、漏电和其他故障应立即修理。严禁将电线架设在经常接触的金属器物和物架上;不懂电气知识、不熟练电气技术的人切不可盲目冒险地去修理、安装电气设备;尽量不带电工作。在危险场所,应严禁带电工作。必须带电工作时,应采用各种安全工具,如绝缘手套、绝缘靴、绝缘钳和必要的仪器仪表等。

(2) 遵守安全工作规程

1) 高压安全工作规程: 将设备断开电源。拉合闸时,应用绝缘棒戴上绝缘手套或穿上绝缘靴,站在绝缘面上操作。操作由两人进行,一人监护,一人操作。绝缘用具应放在干燥场所并要挂起;在工作地点悬挂"禁止合闸、有人工作"的标示牌;检查施工设备上有无电压,确认后才能开展工作。使用高压试电笔时,不要直接接触带电部分;试电时,握住握手位置,灯亮或声音响即证明带电部分有电。装好地线,以防万一;装设接地线时应先装好接地装置,后挂接导线,卸下时则反之。故障处理完毕后,送电前要反复检查一遍,并通知有关人员,避免有人在停电处理问题,造成不必要的人身事故。各种绝缘工具仪表应定期进行鉴定校验。

2) 低压带电作业安全规程: 人体必须和地面有良好的绝缘,工作人员应站在绝缘物上,穿绝缘靴,带工作帽,带电工作所用工具均应有绝缘把手;人体不可同时接触两根电线,不可用两只手同时接触断线的两端;工作中,人员不准穿短袖、短裤,不要与大地和建筑物的墙壁接触,不要和地面人员或同一电器上带电工作人员传递工具。

(3) 用电防火措施。

导线的电流负荷,不应超过额定数值。为了保护电线或电器设备,在线路中每条分路单独使用的电器上,应设有保险器;保险丝的换接,应按电路负荷情况决定,不能随意更换,否则失去保险作用。导线之间连接与电器设备相接,必须接触良好;发生火灾时,应立即切断电源,后灭火。

2. 触电救护

触电后果与流经人体的电流和触电持续时间有关。如果人体通过的电流达几十毫安时,只要在很短的时间内,人就会失去知觉,呼吸窒息,心脏就要停止跳动,甚至死亡。常见的触电有双线触电。人体承受线电压最危险。单相触电,人体承受相电压。人员一旦触电,必须迅速正确解脱触电人所接触的带电部分,首先尽快关闭电源开关。还要防止受害人倒下或摔下(在高处触电)而跌伤。如因电源开关不在近处而不能断开电源时,则按所接触的设备电压高低,分别采用不同的措施。

当在低压电气装置(对地电压 250 V 及以下的)上发生触电事故,可用干燥而不导电的材料,如木棒、竹竿、绳索等拨开带电部分,千万不能用潮湿的或金属的物件来进行这一工作,还可利用受害人干燥而不紧身的衣服拉他脱离电源,用干燥木板塞在他脚下,用干燥绳索套他的双足拉离地面,使他的身体与地隔离,也可用干木柄的斧头、砍刀把附近的电线砍断或用绝缘钳子剪断电线。

如果在高压设备上发现有人触电时,施救人必须立即穿戴上绝缘靴和绝缘手套拉开近处开关,并使用适合于该电压等级的绝缘棒或绝缘把手的钳子作为工具,使触电者脱离带电设备。如作业者是高空触电时,要防止断电后触电人从高处摔下来的危险。在架空线路上触电,如不能迅速断开电源时,就应采用抛掷接地软导线的方法,使接地导线和电源相接而人为地造成线路短路来使电源开关跳闸。必须先将软导线一端接好地,然后再将另一端扔到架空线路上。施救人应冷静机智、动作迅速,并注意自身的安全。

七、现场文明生产要求

现场文明生产是安全高效生产的要求,体现人员精神面貌和文化素质,对外则是企业面貌的一面镜子,体现企业的形象。

粒子加速器运行人员,应该做到:

1. 值班期间着装整洁严肃,严禁披长发、穿拖鞋、高跟鞋、背心、短裤等。应佩戴印有部门、岗位、职务或工种的标志符上岗。

2. 值班期间坚守岗位,坚持做到:不迟到、不早退、不擅离职守、不谈天、不打瞌睡。专心致志做好值班工作,全神贯注地进行监盘调节。

3. 创造良好的文明环境,整顿现场程序,严禁在控制室内吸烟酗酒、烧电炉、蒸饭、乱放杂物。

4. 各岗位应有清洁卫生区域责任制,应按区域划分,每天保持整齐清洁,设备见本色。

八、职业卫生

职业卫生属预防医学的范畴,指的是人类从事各种职业劳动过程中的卫生问题。它以职工的健康在职业活动过程中免受有害因素侵害为目的,其中包括劳动环境对劳动者健康的影响以及防止职业性危害的对策。

只有创造合理的劳动工作条件,才能使所有从事劳动的人员在体格、精神、社会适应等方面都保持健康。只有防止职业病和与职业有关的疾病,才能降低病伤缺勤,提高劳动生产率。因此,职业卫生实际上是指对各种工作中的职业病危害因素所致损害或疾病的预防。

职业卫生的内容包括,职业卫生及职业危害;工业毒物的危害与防治;生产性粉尘的危害与防治;高温、灼伤的危害与防护;噪声的危害与防治;辐射的危害与防护;个体防护;职业卫生管理;建设项目职业病危害评价等。

第三节 质量管理知识

学习目标:通过学习质量管理知识,牢固树立"诚信意识"和"质量第一"意识。

质量管理,通常包括制定质量方针、目标以及质量策划、质量控制、质量保证和质量改进等活动。它是企业内部建立的、为保证产品质量或质量目标所必需的、系统的质量活动。它根据企业特点选用若干体系要素加以组合,加强从设计研制、生产、检验、销售、使用全过程的质量管理活动,并使之制度化、标准化,成为企业内部质量工作的要求和活动程序。

实现质量管理的方针目标,有效地开展各项质量管理活动,必须建立相应的管理体系,这个体系就叫质量管理体系。

在现代企业管理中,质量管理体系最新版本的标准是 ISO 9001:2008,是企业普遍采用的质量管理体系。

ISO 9001:2008 标准是由 ISO(国际标准化组织)TC176 制定的质量管理系列标准之一。

一、质量保证基础知识

1. 质量保证

质量保证,就是一种关于质量的承诺。GB/T 19000—2008 和 ISO 9000:2005 定义为“质量管理的一部分,致力于提供质量要求会得到满足的信任”。因此,质量保证活动,应该是以可信性为核心。可信性仅用于非定量术语的总体表述。所以,质量保证,更多的应该模拟最终顾客使用的环境、寿命以及产品的相关标准要求进行严格的试验来满足顾客信任。

质量保证活动涉及企业内部各个部门和各个环节。从设计开始到服务后的质量信息反馈为止,企业内形成一个以保证质量为目标的职责和方法的管理体系,称为质量保证体系,是现代质量管理的一个发展。建立这种体系的目的在于确保用户对质量的要求和消费者的利益,保证产品本身性能的可靠性、耐用性、可维修性和外观式样等。

2. 制定和执行质量保证大纲

现代质量管理要求,工程项目、产品和服务等都要有配套的质量保证大纲。做到“凡事有章可循,凡事有人负责,凡事有人监督,凡事有据可查”。例如,对加速器安全运行、辐射安全等,质量保证大纲应包含以下两个方面。

(1) 提供符合加速器安全运行、辐射安全方面具体合理的质量指标、数据和要求。

(2) 为审查和评价加速器安全运行质量、辐射安全等措施的综合有效性提供质量控制机制和程序。如各系统设备的设计、制造、安装调试的质量要求,维护维修的质量要求,运行操作的要求,人员技术素质要求等。

3. 加速器质保大纲

粒子加速器设备复杂,投资颇巨,运行代价很大。建造粒子加速器的主要目的是为科研和生产服务,因此更有理由对其“产品”的质量提出严格的要求,其质量管理的大致内容为:

(1) 明确质量保证指标承诺

1) 粒子加速器的质量指标;

2) 粒子加速器运行质量指标;

3) “产品”质量指标:科研课题指标和辐照产品质量及产量指标等。

(2) 落实质量保证内容

1) 加速器额定指标。建造加速器时确定,建成后鉴定验收;之后的检修维护程序和技术创新予以保持、改进、提高;

2) 加速器操作运行。人员培训考核合格上岗,制订操作规程和管理制度;

3) 科研课题和辐照产品。由专门的专家学术机构“把关”评审,或由其经济效益“说话”。

(3) 坚持“安全第一”原则,落实辐射和安全措施,配套制订安全规程。

(4) 坚持“技术创新”原则,追求先进目标,保持设备活力。

(5) 建立健全质量管理的组织机构。

二、质量控制基础知识

1. 质量控制

质量控制，是采用的一系列质量作业技术和活动，目的是通过监视质量形成过程，消除所有阶段引起不合格或不满意效果的因素，以达到质量要求，实现预期目标。质量控制活动主要是生产现场的管理，为达到和保持质量而采取控制的技术措施和管理措施。质量控制和质量保证的某些活动是互相关联的。质量检验从属于质量控制，是质量控制的重要活动。

2. 提供质量控制机制和程序

粒子加速器总体及各系统的设计、设备建造、施工安装、调试验收等皆属于大型工程，各个环节都有质量管理的问题，需要建立相应的质量管理体系。建造粒子加速器的目的是为科研生产服务，创造社会和经济效益；粒子加速器本身也有理论研究和技术创新的任务。质量控制是一个复杂的系统工程，其内涵可以简单概括为：源头抓起，硬件过硬，软件保证，贵在创新。

(1) 各系统的设备皆要处于良好的状态，不允许带病运行。

(2) 必须建立规章制度，使运行操作、维护维修、检查验收皆有章可循。

(3) 建立健全质量管理机构组织，以人为本，加强培训，提高人员素质。

(4) 目标明确，逐级管理，环环相扣，并善于抓主要矛盾和关键环节。

(5) 创新是企业的生命，不断革新改造，采用新设备、新技术是立于不败之地的根本，也是确保质量的根本。

附件 A： HI-13 串列加速器安全运行质量控制

1 主题内容与适用范围

1.1 本标准规定了,HI-13 串列加速器安全运行,提供优质束流,提高供束效率,所必须遵从的原则和要求。

1.2 本标准主要适用于对 HI-13 串列加速器安全运行的管理,也适用于对 HI-13 串列加速器维修和改进工作的管理。

2 引用标准和法规性文件

GB1.1—87 标准化工作导则标准编写的基本规定。

3 HI-13 串列加速器安全运行质量控制的技术内容

3.1 HI-13 串列加速器安全运行质量控制的含义和基本要求

3.1.1 在 HI-13 串列加速器的额定指标(附件 1) 范围内,为物理实验提供优质束流,即:在离子种类、能量及其稳定度、靶上束流强度、束斑形状以及工作的稳定性等方面,满足物理工作的需要。

3.1.2 确保加速器运行、维修人员的专业技术素质,开展 HI-13 串列加速器主要元器件和设备的国产化及改进工作。

3.2 HI-13 串列加速器供束任务的确定

3.2.1 根据国内外同类加速器运行经验,同时考虑到实验用束的需要,国内具体条件的许可,以及加速器维修和改进的需要,逐年明确规定具体的供束任务。

3.2.2 上器题目及其用器时间,需经北京串列加速器核物理国家实验室学术委员会审批通过,按轻重缓急和加速器的运行状态依次安排。

3.3 HI-13 串列加速器的运行操作人员

3.3.1 运行操作人员资格和岗位职务

3. 3.1.1 参加 HI-13 串列加速器的运行操作人员必须具备:大学专科以上并与加速器专业有关的毕业生的资格;或者中等专业学校加速器专业毕业生的资格。

3.3.1.2 HI-13 串列加速器的运行岗位职务分为值班长、高级值班员和值班员三个级别,通过严格培训(内容及要求见附件 2),按照相应条件(运行值班员和运行值班长条件见附件 3) 进行基础知识和实际操作考核,全部合格后,由上级部门发给相应级别的执照,才有正式具备上岗操行的资格。

3.3.1.3 在值班员岗位工作满三年,安全操作无事故,经过评议认可,可升为高级值班员;亦可通过考核升任值班长。

3.3.1.4 脱离值班岗位一年以上需重新考核才能上岗,脱离值班岗位半年以上需先跟班两周后方可正式上岗。

3.4 值班制度和操作规程

3.4.1 串列加速器主机运行人员为 20 名,辅机运行人员为 6 人(负责供水、供气、通风和制冷等设备的操作和运行),开机期间实行“五班三倒”的运行倒班制度。每个主机运行班至少配备值班长和值班员各一名,各司其职。

3.4.2 HI–13 串列加速器的运行人员必须严格遵守《HI–13 串列加速器值班制度》

3.4.3 为确保加速器运行的质量，确保所提供粒子束流的各项指标，确保加速器文明安全地运行，确保运行、实验人员的人身安全，要求运行及有关人员严格遵守：

《HI–13 串列加速器运行操作规程》《HI–13 串列加速器辐射防护联锁系统操作规程》《HI–13 串列加速器辐射防护规程》(管理办法)和《HI–13 串列加速器运行安全规程》等各项有关规程。

3.5 HI–13 串列加速器的维修

3.5.1 HI–13 串列加速器设备的维修和技术设施的改进，是确保加速器运行质量的保障。HI–13 串列加速器的维修按包机组进行，各有明确的分工和职责。平时，应对设备进行预检预修，加强运行状态巡视，包机范围内设备的备品备件应齐全。随时作好准备，一旦出现故障及时检修，不允许设备带病运行。

3.5.2 水(自来水、去离子水)、电(动力、照明及测量用电)、气(压缩空气、SF_6 气体)在运行期间的供应绝对不能间断或发生异常。

3.5.3 物理实验设备不得影响加速器正常运行供束。

3.6 HI–13 串列加速器计划供束规定

3.6.1 用户实验人员必须在计划上器时间之前做好一切准备，包括靶室真空、测量仪表、获取系统及摄像系统等。坚持“宁可让实验等加速器，而不能让加速器等实验”的原则。

3.6.2 一旦调束到靶前法拉第筒，立即开始计供束时间。因实验用束方要求不能往靶前法拉第筒调束时，束流调到分析器象点法拉第筒十分钟后即开始计供束时间。

3.6.3 已经落实安排开机供束，因为非加速器本身运行或检修方面的故障而被迫不能供束时，由用户负责。

3.6.4 在正常供束过程中，因为实验用束方实验提前做完或实验设备故障等原因，加速器被迫停机，按原计划用器时数计算本次供束时间。

3.6.5 如需计划外或延长用束，需经核物理主管所长批准，实施用束后计入供束时间。

(1991.6)

附件 A.1 HI–13 串列加速器额定指标

(1) 负离子源及注入器引出流强

负离子源类型	负离子名称	已引出最大流强/μA	经常引出流强/μA
725 型双等源	H	75	20～30
	D	37	20
710 型 Li 电荷交换源	He	4.8	1～2
	Li	0.45	
834 型 Cs 束溅射源（括弧内为 200 型强流溅射源引出流强）	Li	(3.25)	
	BeO	0.27	0.2
	BO	1.5	1.0
	C	30	4～6
	O	12.4(72)	2～4
	F	22(75)	3～5
	Na	(0.2)	
	MgO	0.4(21)	0.4
	AlO	0.5(2.2)	

续表

负离子源类型	负离子名称	已引出最大流强/μA	经常引出流强/μA
	Si	6(55)	2～4
	P	2.5(12.6)	1
	S	8.7	3～5
	^{35}Cl	14	2～4
	^{37}Cl	2.5	2
	CaO	0.04	0.02
	TiO	0.15	
	Ni	0.4	0.2～0.4
	Cu	2.3	0.6
	Se	1.8	1.8
	Br	5.8	3
	Sn	(2.7)	
	I	4	3

(2) HI-13 串列加速器额定及验收指标

项　　目	额定指标	验收达到的指标
头部高压	13 MV(*15 MV)	13.4 MV(*15.07 MV)
头部高压稳定度	±1 kV	±1 kV
束流传输效率**		(20～60) %
分析磁铁质能积	200 MeV～Amu	

注：*加速管改进后的指标。

** 计算公式：　　$\eta = I_b/(I_i \times Z \times \rho)$

式中：I_b——靶上达到的束流强度；

I_i——注入器引出流强；

ρ——电荷态为 Z 的离子的剥离概率。

附件 A.2 HI-13 串列加速器运行操作人员培训内容及要求

1 按主要系统分类培训讲课题目

1.1 HI-13 串列加速器概况

1.2 供电系统

1.3 注入器结构及三种负离子源介绍;注入器的供电系统和真空系统

1.4 真空系统概况(布局,泵,测量);真空系统控制及离子泵控制

1.5 输电梯控制及充电系统

1.6 头部高压稳定及磁场稳流电源

1.7 束流输运系统

1.8 毫微秒(ns)脉冲束系统

1.9 核磁共振(NMR)测磁原理

1.10 调束技术概述

1.11 运行中的安全问题

1.12 辐射防护有关问题

1.13 B-2 北辅机系统介绍

1.14 物理实验对运行的一般要求

1.15 辅导课内容：1）束流监测系统 2）开机条件综述
3）应急故障处理 4）HVEC 图纸识图知识

2 主要学习资料

2.1 加速器原理概述(第一分册)，余觉先编

2.2 HI-13 串列加速器运行操作规程

2.3 HI-13 串列加速器辐射防护联锁系统操作规程

2.4 HI-13 串列加速器运行安全规程

2.5 图纸

2.5.1 方框图和原理图：HI-13 串列加速器布局图、束流光学系统示意图、L.E.和 H.E 真空系统控制原理图、离子泵控制测量原理图、注入器光路示意图、三种负离子源结构示意图、供电系统图、变电配电总图、串列加速器钢筒内外设备示意图、注入器真空系统电气控制原理图、注入器主要部件分布图、输电梯控制原理图、高压稳定系统方块图、磁场稳流电源原理方块图。

2.5.2 控制室存放的所有控制原理运行图

3 运行图纸分析要求

选一张运行图纸分析并写出说明报告，对其他图纸能够分析弄懂。

4 开机操作考核要求

4.1 运行值班员：给定能量和管道，由低能端法拉第筒正确开机调束到靶前法拉第筒。

4.2 运行值班长：调离子源，开机调束到靶(包括脉冲束)，停机(包括停离子源)，处理一般和紧急故障。

附件 A.3 运行值班员和运行值班长条件

1 运行值班员条件

1.1 初步掌握串列加速器基本原理和 HI-13 串列加速器装置各系统的作用、性能及操作要点，熟悉各系统运行操作规程。特别应掌握辐射防护联锁、真空控制、输电梯控制和充电、高压稳定、分析磁铁和开关磁铁电源、磁场测量、束流测量、透镜和导向器各系统的操作规程。

1.2 能够分析各系统运行原理方块图，初步掌握运行控制原理图的阅读方法，(如：4A，5E，5F，5C 等图）并对其中一份常用的图纸写出正确的说明书。

1.3 能够常规开机(不包括注入器)，调束到靶，并会正确关机(包括注入器)。

1.4 能配合值班长分析判断故障，协助进行处理，共同保证本运行班安全运行。

1.5 能对重要的运行参数进行计算(如：头部高压，离子能量，分析磁铁电流，NMR 频率等)。

2 运行值班长条件

2.1 对 HI-13 串列加速器从物理原理到具体结构有比较完整清楚的了解，掌握各系统操作规程。特别应熟练掌握辐射防护联锁、真空控制、输电梯控制和充电、高压稳定、ns 脉冲各系统的操作规程。

2.2 掌握各系统运行控制原理图的阅读方法,对真空控制(4A或6A)、输电梯控制和充电(5E和5F)、高压稳定(5C)各图必须熟练掌握,会按图分析查找故障,并对其中较为复杂的一份图纸精确掌握,写出正确的说明书。

2.3 能够在较为复杂的情况下(如引出脉冲束)正确开机调束到靶,确保本次运行值班安全运行,为物理实验提供优质束流,并会按步骤正确停机。

2.4 能正确分析判断常规故障,并尽力予以处理。对紧急突然故障(如停电,停水,真空破坏等)能进行应急处理,保证人身和设备安全,防止事故扩大,避免和尽量减少损失。

2.5 对有关运行参数能熟练地进行计算,掌握计算机人机界面的使用方法,会打印供束运行数据。